できる
Word 2016

Windows 10/8.1/7 対応

田中 亘 & できるシリーズ編集部

インプレス

ご購入・ご利用の前に必ずお読みください

本書は、2015年10月現在の情報をもとに「Microsoft Word 2016」の操作方法について解説しています。本書の発行後に「Microsoft Word 2016」の機能や操作方法、画面などが変更された場合、本書の掲載内容通りに操作できなくなる可能性があります。本書発行後の情報については、弊社のWebページ（http://book.impress.co.jp/）などで可能な限りお知らせいたしますが、すべての情報の即時掲載ならびに、確実な解決をお約束することはできかねます。また本書の運用により生じる、直接的、または間接的な損害について、著者ならびに弊社では一切の責任を負いかねます。あらかじめご理解、ご了承ください。

本書で紹介している内容のご質問につきましては、できるシリーズの無償電話サポート「できるサポート」にて受け付けております。ただし、本書の発行後に発生した利用手順やサービスの変更に関しては、お答えしかねる場合があります。また、本書の奥付に記載されている最新発行年月日から5年を経過した場合、もしくは解説する製品の提供会社が製品サポートを終了した場合にも、ご質問にお答えしかねる場合があります。できるサポートのサービス内容については316ページの「できるサポートのご案内」をご覧ください。

練習用ファイルについて

本書で使用する練習用ファイルは、弊社Webサイトからダウンロードできます。
練習用ファイルと書籍を併用することで、より理解が深まります。

▼練習用ファイルのダウンロードページ
http://book.impress.co.jp/books/1115101056

●用語の使い方

本文中では、「Microsoft® Windows® 10」のことを「Windows 10」または「Windows」、「Microsoft® Windows® 8.1」のことを「Windows 8.1」または「Windows」、「Microsoft® Windows® 7」のことを「Windows 7」または「Windows」と記述しています。また、「Microsoft Office」(バージョン2016)のことを「Office」または「新しいOffice」、「Microsoft® Office 2013」のことを「Office 2013」または「Office」、「Microsoft® Office 2010」のことを「Office 2010」または「Office」、「the 2007 Microsoft® Office system」のことを「Office 2007」、「Microsoft® Office Word 2010」のことを「Word 2010」または「Word」、「Microsoft® Office Word 2007」のことを「Word 2007」、「Microsoft® Office Word 2003」のことを「Word 2003」と記述しています。また、本文中で使用している用語は、基本的に実際の画面に表示される名称に則っています。

●本書の前提

本書では、「Windows 10」と「Office 2016」がインストールされているパソコンで、インターネットに常時接続されている環境を前提に画面を再現しています。

「できる」「できるシリーズ」は、株式会社インプレスの登録商標です。
Microsoft、Windows 10は、米国Microsoft Corporationの米国およびその他の国における登録商標または商標です。
そのほか、本書に記載されている会社名、製品名、サービス名は、一般に各開発メーカーおよびサービス提供元の登録商標または商標です。
なお、本文中には™および®マークは明記していません。

Copyright © 2015 YUNTO Corporation and Impress Corporation. All rights reserved.
本書の内容はすべて、著作権法によって保護されています。著者および発行者の許可を得ず、転載、複写、複製等の利用はできません。

まえがき

Wordは、日本でも多くのユーザーが活用しているワープロソフトです。パソコンを使う目的は人それぞれですが、企画書や契約書、レポート、資料などの文書作りにおいて、Wordはパソコンに欠かせないツールになっています。一般のビジネスだけではなく、官公庁などが配布するドキュメントでもWordが利用されており、Wordの文書ファイルが規定のフォーマットになっている例も増えています。

そんなWordが日本に本格的に普及したのは、今から20年以上も前の1995年からです。日本でWindowsが普及すると、そのWindowsで利用できるワープロソフトとして、Wordは広く使われてきました。あるいは、Wordを使うためにWindowsを導入した企業も多くありました。そして、本書で解説しているWord 2016は、Windows 10だけではなく、Windows 8.1/8やWindows 7でも利用できるワープロソフトとして、現在でも多くの人に活用されています。

またWord 2016では、以前のWordと比べて、クラウドを活用する機能が強化され、多くの人たちと共同で文書を仕上げていくのが便利になり、スマートフォンやタブレットからも編集できるようになっています。本書では、そうした最新の機能や使い方を分かりやすく紹介するとともに、これからWord 2016を使い始める人のために、日本語の入力方法や装飾に罫線、作図や画像の挿入などの操作も丁寧に解説しています。

そして、本書ではWindows 10だけではなく、Windows 8.1/7でもWord 2016を利用する方法やテクニックを紹介しています。各章のレッスンでは、主にWindows 10の画面例を掲載していますが、起動方法やエクスプローラーの違いなどを除けば、どのWindowsであってもWord 2016の画面や操作は共通です。

したがって、本書のレッスンで紹介している機能や操作を順番に学んでいけば、きっとWordを思い通りに使いこなせるようになります。Wordを自由自在に使えるようになれば、文書作りが楽しくなり、パソコンを利用する機会も増えるでしょう。本書を通してWordの操作を覚えて、少しでも多くの人が、パソコンによる文書作りを楽しいとか便利だとか思ってもらえたら幸いです。
最後に、本書の制作に携わった多くの方々と、ご愛読いただく皆さまに深い感謝の意を表します。

田中 亘

できるシリーズの読み方

レッスン
見開き完結を基本に、やりたいことを簡潔に解説

やりたいことが見つけやすいレッスンタイトル
各レッスンには、「○○をするには」や「○○って何?」など、"やりたいこと"や"知りたいこと"がすぐに見つけられるタイトルが付いています。

機能名で引けるサブタイトル
「あの機能を使うにはどうするんだっけ?」そんなときに便利。機能名やサービス名などで調べやすくなっています。

キーワード
そのレッスンで覚えておきたい用語の一覧です。巻末の用語集の該当ページも掲載しているので、意味もすぐに調べられます。

左ページのつめでは、章タイトルでページを探せます。

手順
必要な手順を、すべての画面とすべての操作を掲載して解説

手順見出し
「○○を表示する」など、1つの手順ごとに内容の見出しを付けています。番号順に読み進めてください。

解説
操作の前提や意味、操作結果に関して解説しています。

操作説明
「○○をクリック」など、それぞれの手順での実際の操作です。番号順に操作してください。

テクニック
レッスンの内容を応用した、ワンランク上の使いこなしワザを解説しています。身に付ければパソコンがより便利になります。

レッスンで使う練習用ファイル
手順をすぐに試せる練習用ファイルを用意しています。章の途中からレッスンを読み進めるときに便利です。

HINT!
レッスンに関連したさまざまな機能や、一歩進んだ使いこなしのテクニックなどを解説しています。

右ページのつめでは、知りたい機能でページを探せます。

間違った場合は？
手順の画面と違うときには、まずここを見てください。操作を間違った場合の対処法を解説してあるので安心です。

Point
各レッスンの末尾で、レッスン内容や操作の要点を丁寧に解説。レッスンで解説している内容をより深く理解することで、確実に使いこなせるようになります。

ショートカットキー
知っておくと何かと便利。キーボードを組み合わせて押すだけで、簡単に操作できます。

※ここに掲載している紙面はイメージです。実際のレッスンページとは異なります。

ここが新しくなった Word 2016

Word 2016は、従来のバージョンに比べてクラウドとの連携や操作性が向上しました。マイクロソフトのクラウドサービス「OneDrive」との連携が簡単になったことで、パソコンで作成した文書をスマートフォンで見たり、知人や仕事仲間との共同作業がスムーズにできます。ここでは主な新機能を解説します。

文書を素早く共有できる！

作成した文書をOneDriveに保存するだけで、どこにいてもインターネットを経由して保存された文書にアクセスできます。ほかの人との共有も簡単に行えます。

Wordで作成した文書を、パソコンに保存する感覚でOneDriveへ保存できる。

文書をほかの人と共有したいときは、Wordで文書を表示したまま、共有の設定ができる。相手に知らせるためにメールアプリを起動する手間を省ける。

OneDriveに保存された文書は、ほかの人とコメントをやりとりをしたりして、共同作業ができる。

スマートフォンやタブレットと連携できる！

OneDriveにある文書をスマートフォンやタブレットから確認できます。スマートフォンやタブレット用のアプリはマイクロソフトから無料で提供されています。

Officeのモバイルアプリを使えば、OneDriveに保存された文書を確認するだけでなく、その場で編集も可能。

OneDriveに保存された文書はWordがなくてもWebブラウザー上で見たり、編集したりすることができる。

フォントが新しくなった！

Office 2016から初期状態で文書に使用されるフォントが変わりました。新たに加わったフォントは、さまざまな機器で美しく表示されるのが特徴です。

新たに加わったフォントは［游明朝］［游ゴシック］の2つ。もちろん、これまでの［MS明朝］や［MSゴシック］も利用できる。

Windows 10 かんたんアップグレード方法！

Windows 7/8.1なら、Windows 10に無料でアップグレードできます。
無料アップグレードの期限はWindows 10のリリースから1年間（2016年7月28日まで）です。
ぜひこのチャンスにアップグレードして、新しくなったWindows 10を楽しみましょう！

1 アップグレードを予約する
通知領域の［Windows 10を入手する］をクリックして予約を実行

2 アップグレードを開始する
［続行］をクリック

3 アップグレードを実行する
ライセンス条項を確認し、アップグレードを実行

後は画面に従ってインストールしましょう！

アップグレードの予約後に通知が届かないときは、Windows 10のダウンロードページからでもアップグレードが可能です。

アップグレード前に気になる素朴なギモン

Q Windows VistaやXPからはアップグレードできないの？
A できません。VistaやXPはアップグレードの対象外です。

Q Windows 7/8.1のデータはWindows 10に引き継がれるの？
A 文書や写真などのデータはそのまま引き継がれ、Windows 10でも利用できます。

最新情報は できるネット でチェック！

日々進化するWindows 10の最新情報は「できるネット」で公開しています！詳しいアップグレード手順やWindows 10の新機能の使い方も随時更新しているので、下記URLまたはQRコードからご確認ください。

http://dekiru.net/windows10

Windows 10にアップグレードしたら確認したい10の設定

アップグレードしたWindows 10を以前のOSに戻すには

など、おすすめ記事が満載！

できるシリーズのWebサービス「できるネット」では、WindowsやOffice、iPhoneなどの使い方を毎日公開しています。スマートフォンにも対応しているので、ぜひご活用ください！

目　次

まえがき …………………………………………………………………… 3
できるシリーズの読み方 ………………………………………………… 4
ここが新しくなったWord 2016 ………………………………………… 6
Windows 10かんたんアップグレード方法！…………………………… 8
パソコンの基本操作 ……………………………………………………… 15
できるネットで操作の動画を見よう！………………………………… 23
WordやOfficeの種類を知ろう ………………………………………… 24

第1章　Word 2016を使い始める　　27

① Wordの特徴を知ろう　＜ワープロソフト＞……………………… 28
② Wordを使うには　＜起動、終了＞………………………………… 30
③ Word 2016の画面を確認しよう　＜各部の名称、役割＞………… 38

この章のまとめ………………… 40

第2章　文字を入力して文書を作成する　　41

④ 文書を作ってみよう　＜文書作成の基本＞……………………… 42
⑤ キーボードの操作を覚えよう　＜キーの配置、押し方＞……… 44
　テクニック　キーと指の配置を覚えておこう ……………………… 44
⑥ 入力方式を選ぶには　＜入力方式、入力モード＞……………… 46
⑦ ひらがなを入力するにはⅠ　＜ローマ字入力＞………………… 48
　テクニック　ローマ字入力で利用するキーを覚えよう …………… 50
⑧ ひらがなを入力するにはⅡ　＜かな入力＞……………………… 52
　テクニック　かな入力で利用するキーを覚えよう ………………… 54
⑨ 漢字を入力するには　＜漢字変換＞……………………………… 56
⑩ カタカナを入力するには　＜カタカナへの変換＞……………… 58
⑪ 「しゃ」を入力するには　＜拗音の入力＞……………………… 60
⑫ 次の行に移動するには　＜改行＞………………………………… 62
　テクニック　ダブルクリックで目的の行にカーソルを移動できる … 62
　テクニック　改ページを活用しよう ………………………………… 63

- ⑬ 「ん」を入力するには　　＜撥音の入力＞……64
- ⑭ 結語の「以上」を自動的に入力するには　　＜オートコレクト＞……66
  - テクニック　オートコレクトの設定内容を確認する……69
  - テクニック　単語登録で変換の手間を省こう……69
- ⑮ 日付を入力するには　　＜半角数字の入力＞……70
- ⑯ アルファベットを入力するには　　＜半角英字の入力＞……72
- ⑰ 記号を入力するには　　＜記号の入力＞……74
- ⑱ 文書を保存するには　　＜名前を付けて保存＞……78
  - テクニック　保存方法の違いをマスターしよう……78

この章のまとめ……80
練習問題……81　　解答……82

第3章　見栄えのする文書を作成する　83

- ⑲ 文書の体裁を整えて印刷しよう　　＜文書の装飾と印刷＞……84
- ⑳ 保存した文書を開くには　　＜ドキュメント＞……86
  - テクニック　タスクバーからファイルを検索してみよう……86
- ㉑ 文字を左右中央や行末に配置するには　　＜文字の配置＞……88
- ㉒ 文字を大きくするには　　＜フォントサイズ＞……90
  - テクニック　ミニツールバーで素早く操作しよう……90
- ㉓ 文字のデザインを変えるには　　＜下線、太字＞……92
- ㉔ 文字の種類を変えるには　　＜フォント＞……94
  - テクニック　［フォント］ダイアログボックスで詳細に設定する……94
- ㉕ 箇条書き項目の文頭をそろえるには　　＜箇条書き、タブ＞……96
- ㉖ 段落を字下げするには　　＜ルーラー、インデント＞……98
- ㉗ 文書に図形を挿入するには　　＜図形＞……100
- ㉘ 文書を上書き保存するには　　＜上書き保存＞……106
  - テクニック　終了した位置が保存される……107
- ㉙ 文書を印刷するには　　＜印刷＞……108

この章のまとめ……110
練習問題……111　　解答……112

第4章　入力した文章を修正する　　　113

- ㉚ 以前に作成した文書を利用しよう　<文書の再利用>················114
- ㉛ 文書の一部を書き直すには　<範囲選択、上書き>················116
- ㉜ 特定の語句をまとめて修正するには　<置換>················118
- ㉝ 同じ文字を挿入するには　<コピー、貼り付け>················122
- ㉞ 文字を別の場所に移動するには　<切り取り、貼り付け>················124

　この章のまとめ··········126
　練習問題··········127　　解答··········128

第5章　表を使った文書を作成する　　　129

- ㉟ 罫線で表を作ろう　<枠や表の作成>················130
- ㊱ ドラッグして表を作るには　<罫線を引く>················132
- ㊲ 表の中に文字を入力するには　<セルへの入力>················136
- ㊳ 列数と行数を指定して表を作るには　<表の挿入>················138
  - テクニック　文字数に合わせて伸縮する表を作る················138
- ㊴ 列の幅を変えるには　<列の変更>················140
  - テクニック　ほかの列の幅は変えずに表の幅を調整する················141
- ㊵ 行を挿入するには　<上に行を挿入>················142
- ㊶ 不要な罫線を削除するには　<線種とページ罫線と網かけの設定>················144
- ㊷ 罫線の太さや種類を変えるには　<ペンの太さ、ペンのスタイル>················148
  - テクニック　表のデザインをまとめて変更できる！················150
- ㊸ 表の中で計算するには　<計算式>················152
- ㊹ 合計値を計算するには　<関数の利用>················154

　この章のまとめ··········156
　練習問題··········157　　解答··········158

第6章　年賀状を素早く作成する　　159

- ㊺ はがきに印刷する文書を作ろう　＜はがき印刷＞……………………160
- ㊻ はがきサイズの文書を作るには　＜サイズ、余白＞……………………162
- ㊼ カラフルなデザインの文字を挿入するには　＜ワードアート＞……164
  - テクニック　内容や雰囲気に応じて文字を装飾しよう……………………166
- ㊽ 縦書きの文字を自由に配置するには　＜縦書きテキストボックス＞……168
- ㊾ 写真を挿入するには　＜画像、前面＞……………………………………172
  - テクニック　写真と文字の配置方法を覚えておこう………………………175
- ㊿ 写真の一部を切り取るには　＜トリミング＞……………………………176
  - テクニック　写真の背景だけを削除できる…………………………………179
- ﾕ はがきのあて名を作成するには　＜はがき宛名面印刷ウィザード＞……180
  - テクニック　Excelのブックに作成した住所録を読み込める……………185

　　この章のまとめ…………189
　　練習問題……………187　　　解答……………188

第7章　文書のレイアウトを整える　　189

- ﾕ 読みやすい文書を作ろう　＜段組みの利用＞……………………………190
- ﾕ 文書を2段組みにするには　＜段組み＞…………………………………192
- ﾕ 設定済みの書式をコピーして使うには　＜書式のコピー／貼り付け＞……194
- ﾕ 文字と文字の間に「……」を入れるには　＜タブとリーダー＞………198
- ﾕ ページの余白に文字や図形を入れるには　＜ヘッダー、フッター＞……202
  - テクニック　ヘッダーやフッターにファイル名を挿入する………………000
- ﾕ ページ全体を罫線で囲むには　＜ページ罫線＞…………………………206
- ﾕ 文字を縦書きに変更するには　＜縦書き＞………………………………208

　　この章のまとめ…………212
　　練習問題……………213　　　解答……………214

第8章　もっとWordを使いこなす　215

- �59 あらかじめ用意されているひな形を利用するには　＜テンプレート＞……………216
- ㊐ テンプレートのデザインを変更するには　＜［デザイン］タブ＞……………218
- �61 行間を調整するには　＜行と段落の間隔＞……………222
- �62 ページ番号を自動的に入力するには　＜ページ番号＞……………224
- ㊓ 文書を校正するには　＜新しいコメント、変更履歴の記録＞……………226
- ㊔ 校正された個所を反映するには　＜承諾＞……………230
- ㊕ 文書の安全性を高めるには　＜文書の保護＞……………232

　この章のまとめ…………236
　練習問題……………237　　　解答……………238

第9章　ほかのソフトウェアとデータをやりとりする　239

- ㊖ Excelのグラフを貼り付けるには　＜［クリップボード］作業ウィンドウ＞……………240
- ㊗ 地図を文書に貼り付けるには　＜Bingマップ＞……………246
- ㊘ 新しいバージョンで文書を保存するには　＜ファイルの種類＞……………250
  - テクニック　文書をWord 2003で開けるようにする……………251
- ㊙ 文書をPDF形式で保存するには　＜エクスポート＞……………252

　この章のまとめ…………254
　練習問題……………255　　　解答……………256

第10章　Wordをクラウドで使いこなす　257

- ㊚ 作成した文書をクラウドで活用しよう　＜クラウドの仕組み＞……………258
- ㊛ 文書をOneDriveに保存するには　＜OneDriveへの保存＞……………260
- ㊜ OneDriveに保存した文書を開くには　＜OneDriveから開く＞……………262
- ㊝ Webブラウザーを使って文書を開くには　＜Word Online＞……………264
- ㊞ スマートフォンを使って文書を開くには　＜モバイルアプリ＞……………266
  - テクニック　外出先でも文書を編集できる……………268

| ㊄ 文書を共有するには　　＜共有＞ ……………………………………………………… 270
| テクニック　Webブラウザーを使って文書を共有する ……………………………… 271
| テクニック　OneDriveのフォルダーを活用すると便利 ……………………………… 273
| ㊅ 共有された文書を開くには　　＜共有された文書＞ …………………………………… 274
| ㊆ 共有された文書を編集するには　　＜Word Onlineで編集＞ ……………………… 276
| テクニック　共有された文書をパソコンに保存する ………………………………… 278
| テクニック　Windows 7ではOneDriveアプリを活用しよう …………………… 281

この章のまとめ…………282
練習問題…………………283　　　解答………………………287

付録1　Officeのモバイルアプリをインストールするには ………………………… 285
付録2　Officeをアップグレードするには ………………………………………… 290
付録3　プリンターを使えるようにするには ……………………………………… 293
付録4　ショートカットキー一覧 …………………………………………………… 297
付録5　ローマ字変換表 ……………………………………………………………… 298

用語集 ………………………………………………………………………………… 300
索引 …………………………………………………………………………………… 310

できるサポートのご案内 ……………………………………………………………… 316
本書を読み終えた方へ ………………………………………………………………… 317
読者アンケート ………………………………………………………………………… 318

パソコンの基本操作

パソコンを使うには、操作を指示するための「マウス」や文字を入力するための「キーボード」の扱い方、それにWindowsの画面内容と基本操作について知っておく必要があります。実際にレッスンを読み進める前に、それぞれの名称と操作方法を理解しておきましょう。

マウス・タッチパッド・スティックの動かし方

◆マウスポインター
操作する対象を指し示すもの。指の動きやマウスの動きに合わせて画面上を移動する

マウス マウスを机の上など平らな場所に置いて滑らせると、その動きに合わせてマウスポインターが移動する

◆左ボタン 人さし指で押して使う

◆ホイール 人さし指または中指で前後に転がすようにして使う

◆右ボタン 中指で押して使う

場所が狭いときはマウスを持ち上げ、動かしやすい位置に移動して操作する

タッチパッド タッチパッドを指でこすると、指の動きに合わせてマウスポインターが移動する

◆左ボタン 左手親指で押して使う

◆右ボタン 右手親指で押して使う

スティック スティックを前後左右斜めに傾けると、その方向にマウスポインターが移動する

◆左ボタン 左手親指で押して使う

◆右ボタン 右手親指で押して使う

マウス・タッチパッド・スティックの使い方

◆マウスポインターを合わせる
マウスやタッチパッド、スティックを動かして、マウスポインターを目的の位置に合わせること

マウス

タッチパッド

スティック

◆ダブルクリック
マウスポインターを目的の位置に合わせて、左ボタンを2回連続で押して、指を離すこと

マウス

タッチパッド

スティック

アイコンにマウスポインターを合わせる / アイコンの説明が表示された

アイコンをダブルクリック / アイコンの内容が表示された

◆クリック
マウスポインターを目的の位置に合わせて、左ボタンを1回押して指を離すこと

マウス

タッチパッド

スティック

◆右クリック
マウスポインターを目的の位置に合わせて、右ボタンを1回押して指を離すこと

マウス

タッチパッド

スティック

アイコンをクリック / アイコンが選択された

アイコンを右クリック / ショートカットメニューが表示された

16 できる

◆ドラッグ
左ボタンを押したままマウスポインターを動かし、目的の位置で指を離すこと

 マウス
 タッチパッド
 スティック

● ドラッグしてウィンドウの大きさを変える

❶ ウィンドウの端にマウスポインターを合わせる

マウスポインターの形が変わった

❷ ここまでドラッグ

ボタンから指を離した位置まで、ウィンドウの大きさが広がった

● ドラッグしてファイルを移動する

❶ アイコンにマウスポインターを合わせる

❷ ここまでドラッグ

ドラッグ中はアイコンが薄い色で表示される

ボタンから指を離すと、ウィンドウにアイコンが移動する

Windows 10の主なタッチ操作

●タップ

指でトンと1回たたく

●ダブルタップ

指でトントンと2回たたく

●長押し

項目などを1秒以上タッチし続ける

●スライド

タッチしたまま指を上下左右に動かす

●ストレッチ

2本の指を合わせた状態から広げる

●ピンチ

2本の指を拡げた状態から合わせる

●スワイプ

Windows 10のデスクトップで使うタッチ操作

●アクションセンターの表示

●タスクビューの表示

デスクトップの主な画面の名前

◆デスクトップ
Windowsの作業画面全体

◆ウィンドウ
デスクトップ上に表示される四角い作業領域

◆スクロールバー
上下にドラッグすれば、隠れている部分を表示できる

◆タスクバー
現在の作業の状態がボタンで表示される

◆通知領域
パソコンの状態を表すアイコンやメッセージが表示される

[スタート]メニューの主な名称

◆ユーザーアカウント
パソコンにサインインしているユーザー名が表示される。ロックやサインアウトも実行できる

◆よく使うアプリ
よく利用するアプリのアイコンが表示される

◆タイル
Windowsアプリなどが四角い画像で表示される

◆スクロールバー
[スタート]メニューでマウスを動かすと表示される

◆検索ボックス
パソコンにあるファイルや設定項目、インターネット上の情報を検索できる

ウィンドウの表示方法

ウィンドウ右上のボタンを使って
ウィンドウを操作する

◆[最小化]　◆[最大化]　◆[閉じる]

ウィンドウが開かれているときは、タスクバーのボタンに下線が表示される

複数のウィンドウを表示すると、タスクバーのボタンが重なって表示される

●ウィンドウを最大化する

[最大化]をクリック

ウィンドウが最大化した

ウィンドウが最大化すると、[最大化]は[元に戻す(縮小)]に変わる

●ウィンドウを最小化する

[最小化]をクリック

ウィンドウが最小化した

タスクバーのボタンをクリックすれば、ウィンドウのサムネイルが表示される

●ウィンドウを閉じる

[閉じる]をクリック

ウィンドウが閉じた

ウィンドウを閉じると、タスクバーのボタンの表示が元に戻る

キーボードの主なキーの名前

文字入力での主なキーの使い方

※Windowsに搭載されているMicrosoft IMEの場合

動きが見える！操作が分かる

  で操作をチェック！

本書に掲載している一部のレッスンは、「できるネット」で手順の動画を公開しています。ドラッグや範囲選択の操作、項目やウィンドウが次々に切り替わる場面など、紙面では分かりにくい画面上の動きが一目瞭然。スマートフォンやタブレットでも快適に視聴できます。

Step.1 動画が見られるレッスンを確認

動画があるレッスンに掲載しているQRコードから、動画一覧ページにアクセスします。パソコンでは、下のURLをWebブラウザーで表示してください。

できるWord 2016 動画一覧ページ

http://dekiru.net/word2016movie

Step.2 できるネットで動画を再生

スマホで再生すればパソコンで操作しながら動画を見られます！

ここをクリックすると動画が再生されます。再生中の操作はYouTubeと同じです。

コンテンツは続々追加中！
更新情報はできるネットでご確認ください

※動画はYouTubeで公開したものを、できるネットのページに表示しています。動画の再生終了後には、YouTubeがおすすめする関連動画が表示されます。

Officeの種類を知ろう

Office 2016は、さまざまな形態で提供されています。ここではパソコンにはじめからインストールされているOfficeと、店頭やダウンロードで購入できるパッケージ版のOfficeについて紹介します。Office 365サービスとともに月や年単位で契約をするタイプと、契約が不要なタイプがあることを覚えておきましょう。このほかに、画面が10.1インチ以下のタブレットにインストールされているOfficeやWebブラウザーで利用できるOffice、Windowsストアから入手できるOfficeがあります。

パソコンにプリインストールされている
Office Premium

さまざまなメーカー製パソコンなどにあらかじめインストールされる形態で提供されます。プリインストールされているOfficeには3つの種類があり、それぞれ利用できるアプリの数が異なります。

常に最新版が使える

パソコンが故障などで使えなくならない限り、永続して利用できます。また、パソコンが利用できる間は最新版へのアップグレードを無料で行えます。

スマホなどでも使える

スマートフォンやiPad、Androidタブレット向けのモバイルアプリを利用できます。スマートフォンとタブレットで、それぞれ2台まで使えます。

1TBのOneDriveが利用可能

1年間無料で1TBのオンラインストレージ（OneDrive）が利用できます。また、毎月60分間通話できるSkype通話プランも付属しています。

●Office Premiumの製品一覧

	Office Professional	Office Home & Business	Office Personal
Word	●	●	●
Excel	●	●	●
Outlook	●	●	●
PowerPoint	●	●	−
OneNote	●	●	−
Publisher	●	−	−
Access	●	−	−

使い方に合わせて選べる
Officeパッケージ製品

1 すべてのサービスが使える
Office 365 Solo

家電量販店やオンラインストアなどで購入できます。一定の契約期間に応じて、利用料を支払って使うことができます。

1,274円から利用できる
1カ月（1,274円）または1年間（12,744円）の契約期間が用意されています。必要な期間だけ利用（契約）することも可能です。

最新アプリが利用可能
契約期間中は常に最新版のアプリを利用でき、新しいバージョンが提供されたときはすぐにアップグレードできます。

複数の機器で使える
2台までのパソコンまたはMacにインストールして利用できます。スマートフォンやタブレット向けアプリも利用可能です。

1TBのOneDriveが付属
契約期間中は1TBのオンラインストレージ（OneDrive）を利用できます。毎月60分のSkype通話プランも付属します。

2 従来と変わらぬ使い勝手
Office Home & Business/Office Personal 2016

家電量販店やオンラインストアで購入することができます。

Office 2016が常に利用可能
サポートが終了するまでOffice 2016を永続的に利用できます。

15GBのOneDriveが付属
15GBのオンラインストレージ（OneDrive）を利用できます。

2台までのパソコンにインストールできる
同じMicrosoftアカウントでサインインしているパソコンなら、2台までインストールして利用することができます。

練習用ファイルの使い方

本書では、レッスンの操作をすぐに試せる無料の練習用ファイルを用意しています。Excel 2016の初期設定では、ダウンロードした練習用ファイルを開くと、保護ビューで表示される仕様になっています。本書の練習用ファイルは安全ですが、練習用ファイルを開くときは以下の手順で操作してください。

▼ 練習用ファイルのダウンロードページ
http://book.impress.co.jp/books/1115101056

何で警告が表示されるの？

Word 2016では、インターネット経由でダウンロードしたファイルを開くと、保護ビューで表示されます。ウイルスやスパイウェアなど、セキュリティ上問題があるファイルをすぐに開いてしまわないようにするためです。ファイルの入手時に配布元をよく確認して、安全と判断できた場合は、[編集を有効にする]ボタンをクリックしてください。[編集を有効にする]ボタンをクリックすると、次回以降同じファイルを開いたときに保護ビューが表示されません。

第1章 Word 2016を使い始める

初めてWordを使う人のために、その特徴や起動と終了の基本操作、そして画面の使い方について解説します。まずはこの章でWordを使う前に押さえておくべき操作と知識を理解しておきましょう。

●この章の内容
❶ Word の特徴を知ろう……………………28
❷ Word を使うには…………………………30
❸ Word 2016 の画面を確認しよう……38

レッスン 1

Wordの特徴を知ろう

ワープロソフト

Wordを利用すれば、目的に合わせてさまざまな文書を作成できます。仕事や個人で利用する文書など、作成する文書に応じた数多くの機能が用意されています。

第1章 Word 2016を使い始める

見栄えのする文書の作成

Wordを使うと、文字にきれいな装飾を施したり、図形などを挿入したりすることで、見栄えのする文書を作成できます。

▶キーワード

Microsoft Office	p.300
インストール	p.301
罫線	p.303
テンプレート	p.306
プリンター	p.308
ワードアート	p.309

パソコンにWordがインストールされていれば、目的に合わせてさまざまなレイアウトの文書を作成できる

プリンターがあれば、さまざまなサイズの用紙に作成した文書を印刷できる

ビジネスに利用する書類や個人で利用する印刷物など、目的に合わせた文書を作成できる

表や罫線を利用した体裁のいい文書の作成

文字や数字が見やすくなるように、罫線を引いたり、表を挿入したりして、文書の体裁を整えられます。

さまざまな方法で表の挿入や編集・書式の設定ができる

はがきへの印刷も簡単

さまざまなサイズの用紙に自由に文字や図形をレイアウトできるので、オリジナル性に富んだはがきやグリーティングカードを作成できます。ほかのソフトウェアを使わなくてもWordだけであて名や原稿用紙などの印刷もできます。

Wordをパソコンにインストールしておこう

Wordがインストールされていないパソコンでは、製品を購入して自分でインストールする必要があります。WordをインストールするにはOfficeのプロダクトキーが明記されたPOSAカードを購入します。POSAカードには、Office 365サービスと一緒に月か年契約で支払いをするパッケージと契約が不要なパッケージがあります。月や年契約が不要なパッケージには、Windows用とMac用があるので間違わないようにしましょう。

長文の作成や校正ができる

Wordには、文章全体の構成を整理するときに便利なアウトライン機能や、用語の統一を容易にする校正機能など、レポートや論文などの長文を作成するための機能がそろっています。

デザイン性の高い文書を作成できる

あらかじめデザインが設定されているテンプレートや、装飾性の高い文字を入力できるワードアートに、きれいな図形を描けるSmartArtなどを活用すると、デザイン性の高い文書を手早く簡単に作成できます。

デザイン性の高い文書作成に役立つ機能が数多く用意されている

レッスン 2

Wordを使うには

起動、終了

Wordを起動すると、スタート画面が表示されます。新しい文書を作成するには、スタート画面で[白紙の文書]をクリックして編集画面を表示しましょう。

Windows 10でのWordの起動

1 すべてのアプリを表示する

❶[スタート]をクリック　❷[すべてのアプリ]をクリック

2 Wordを起動する

[W]のグループを表示して、Wordを起動する

❶ここを下にドラッグしてスクロール

❷[Word 2016]をクリック

▶ キーワード

Microsoftアカウント	p.300
スタート画面	p.304
テンプレート	p.306

ショートカットキー

⊞ / Ctrl + Esc ……スタート画面の表示
Alt + F4 ……ソフトウェアの終了

HINT! キーワードを入力してWordを起動するには

Windows 10でWordを[スタート]メニューから見つけるのが面倒なときは、検索ボックスを使いましょう。以下の手順で簡単にWordを探せます。キーワードを入力して、ホームページやパソコンの中のファイルなども探せるのが便利です。

❶検索ボックスをクリック

❷「word」と入力　❸[Word 2016]をクリック

Wordが起動する

③ Wordの起動画面が表示された

Word 2016の起動画面が表示された

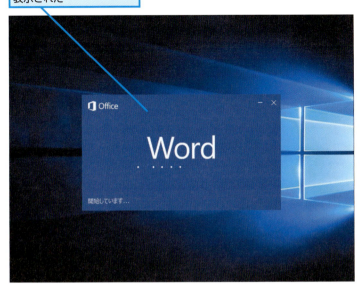

④ Wordが起動した

Wordが起動し、Wordのスタート画面が表示された

スタート画面に表示される背景画像は、環境によって異なる

タスクバーにWordのボタンが表示された

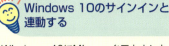

Windows 10のサインインと連動する

Windows 10にMicrosoftアカウントでサインインできるようにしておくと、Wordも同じアカウントで自動的にサインインできます。そして、OneDriveやメールなどのクラウドサービスをすぐに利用できます。

Wordのスタート画面には何が表示されるの？

Wordのスタート画面には、テンプレートと呼ばれる文書のひな型が表示されます。この中から、作りたい文書のテンプレートを選ぶことができます。本書では、レッスン�59でテンプレートの利用方法を解説しているので参考にしてください。またインターネットに接続していると、マイクロソフトのWebページにあるテンプレートをダウンロードできます。

初期設定の画面が表示されたときは

Wordを初めて起動すると、初期設定に関する画面が表示される場合があります。その場合は［同意する］ボタンをクリックしましょう。Office製品の更新ファイルが公開されたとき、パソコンにインストールされるようになります。

［同意する］をクリック

次のページに続く

Windows 8.1でのWordの起動

① スタート画面を表示する

[スタート]をクリック

タスクバーにWordのボタンが登録されていれば、クリックして起動してもいい

② アプリビューを表示する

スタート画面からアプリビューに切り替える

ここをクリック

HINT! スタート画面でもWordを起動できる

スタート画面でアプリ名を入力しても目的のアプリを起動できます。スタート画面で半角英数字の「w」を入力すると、検索チャームの一覧に[Word 2016]が表示されます。

スタート画面を表示しておく　　「w」と入力

検索チャームの[Word 2016]をクリックすると、Wordが起動する

HINT! スタート画面からWordを起動できるようにするには

Windows 8.1にインストールされているすべてのアプリは、手順3のアプリビューに表示されます。以下の手順を実行すれば、スタート画面にWord 2016のタイルが表示されます。

アプリビューを表示しておく

❶ [Word 2016]を右クリック

❷ [スタート画面にピン留めする]をクリック

Windows 8.1のスタート画面にWord 2016のタイルが表示される

③ Wordを起動する

アプリビューが表示された

[Word 2016] をクリック

④ Wordが起動した

Wordが起動し、Wordのスタート画面が表示された

スタート画面に表示される背景画像は、環境によって異なる

タスクバーにWordのボタンが表示された

HINT! タスクバーにWordのボタンを登録できる

タスクバーにアプリのボタンを登録すれば、デスクトップから画面を切り替えずにアプリを起動できます。アプリビューで [Word 2016] を右クリックし、[タスクバーにピン留めする] をクリックしましょう。

アプリビューを表示しておく

❶ [Word 2016] を右クリック

❷ [タスクバーにピン留めする] をクリック

❸ ⊞ + D キーを押す

タスクバーにWordのボタンが登録された

HINT! タスクバーからWordのボタンを削除するには

タスクバーからアプリのボタンを削除するには、以下の手順を実行します。

❶ タスクバーのボタンを右クリック

❷ [タスクバーからピン留めを外す] をクリック

次のページに続く

Windows 7でのWordの起動

1 [すべてのプログラム]の一覧を表示する

❶ [スタート]を クリック
❷ [すべてのプログラム]を クリック

2 Wordを起動する

インストールされているアプリの一覧が表示された

[Word 2016]を クリック

 [スタート]メニューの左に [Word 2016]の項目が 表示される

Wordを繰り返し起動すると、[スタート]メニューの左側に[Word 2016]の項目が表示されるようになります。Wordを利用するたびに上位に表示されるようになるので、[スタート]メニューの左側に[Word 2016]が表示されているときは、[すべてのプログラム]を開く必要がありません。

Wordを数回起動すると、[スタート]メニューに表示されるようになる

 タスクバーにWordの ボタンを登録するには

手順2のように[すべてのプログラム]の一覧を表示していれば、[Word 2016]を右クリックしてWordのボタンをタスクバーに登録できます。

[すべてのプログラム]の一覧を表示しておく

❶ [Word 2016]を右クリック
❷ [タスクバーに表示する]をクリック

タスクバーにWordのボタンが登録される

 間違った場合は?

手順2で[Word 2016]以外をクリックしてしまったときは、[閉じる]ボタンをクリックしてから操作をやり直します。

③ Wordの起動画面が表示された

Word 2016の起動画面が表示された

④ Wordが起動した

Wordが起動し、Wordのスタート画面が表示された

Officeにサインインしていないときは、背景画像などが表示されない

タスクバーにWordのボタンが表示された

 Wordの起動中にWordのボタンを登録するには

［スタート］メニューを表示していない状態でも、Wordを起動していれば以下の手順でタスクバーにWordのボタンを登録できます。

❶タスクバーのボタンを右クリック

❷［タスクバーにこのプログラムを表示する］をクリック

 ショートカットアイコンを作成するには

［スタート］メニューを表示し、以下の手順で操作するとデスクトップにWordのショートカットアイコンが作成されます。ショートカットアイコンをダブルクリックすると、Wordが起動します。

［すべてのプログラム］の一覧を表示しておく

❶［Word 2016］を右クリック

❷［送る］にマウスポインターを合わせる

❸［デスクトップ（ショートカット）を作成］をクリック

デスクトップにWordのショートカットアイコンが作成された

次のページに続く

文書ファイルの作成

❺ [白紙の文書]を選択する

Wordを起動しておく

[白紙の文書]をクリック

❻ 白紙の文書が表示された

Wordの編集画面に白紙の文書が表示された

Windows 10のデスクトップとは

Windows 10のデスクトップは、Windows 7と同じように[スタート]メニューを利用できます。ノートパソコンやデスクトップパソコンでは、通常Windows 10の起動時にデスクトップの画面が表示されます。以前のWindowsと同じ使い勝手で操作ができるのが特徴です。

Wordをデスクトップから起動できるようにするには

以下の手順でWordのボタンをタスクバーに登録すれば、すぐにWordを起動できます。また、タスクバーからWordのボタンを削除するには、タスクバーのボタンを右クリックして、[タスクバーからピン留めを外す]を選びます。

[すべてのアプリ]の一覧を表示しておく

❶ [Word 2016]を右クリック
❷ [タスクバーにピン留めする]をクリック

タスクバーにWordのボタンが表示された

ボタンをクリックすればWordを起動できる

間違った場合は?

間違って[白紙の文書]以外を選択してしまった場合は、手順7を参考にいったんWordを終了し、手順1から操作をやり直しましょう。

Wordの終了

 Wordを終了する

 タッチパネルを搭載した機器の場合は

タブレットや一部のノートパソコンなど、タッチパネルが利用できる機器であれば、画面を直接タッチしてWordを起動したり、メニューを選択したりすることができます。ただし、タッチ操作では小さなアイコンやメニュー項目を選ぶのが不便なので、マウスかスタイラスペンを使う方が便利です。

[閉じる]を
クリック

 Word 2016とモバイル版のWordの違いとは

Wordは、Windowsのデスクトップで使う製品のほかに、iPhoneやiPad、Androidタブレットなどで利用できるモバイル版が無料で提供されています。モバイル版のWordは、Word 2016と比較すると利用できる機能に制限がありますが、タブレットでWordの文書を表示したり、簡単な編集したりすることができます。

 Wordが終了した

Wordが終了し、デスクトップが表示された

Point

使うときに起動して、使い終わったら閉じる

Wordを使うには、「起動」という操作が必要です。Wordを起動すると、テンプレートや過去に使った文書を開くためのスタート画面が表示されます。スタート画面で作成する文書や編集する文書を選んでから編集画面を表示します。そして、必要な編集作業を終えたら、[閉じる]ボタン（ ）をクリックして、Wordを終了します。Wordを終了するときに、編集中の文書があると、「"文書1"に対する変更を保存しますか？」というメッセージが表示されます。このレッスンでは、起動と終了だけの操作をしているので、もしメッセージが表示されたときは、[保存しない]ボタンをクリックして、そのままWordを終了してください。

レッスン **3**

Word 2016の画面を確認しよう

各部の名称、役割

> Wordは文書を作るために必要な情報をすべて画面に表示します。はじめからすべての情報を覚える必要はないので、まずは、基本的な内容を理解しておきましょう。

第1章 Word 2016を使い始める

Word 2016の画面構成

Wordの画面は、保存や書式設定などの機能を選ぶための操作画面と文字の入力や画像の挿入を行う編集画面に分かれています。リボンと呼ばれる操作画面には、利用できる機能を表すボタンが数多く並んでいますが、はじめからすべてのボタンや機能を覚える必要はありません。本書のレッスンを通して、使う頻度の高い機能から、順番に覚えていけば大丈夫です。

▶キーワード

Microsoftアカウント	p.300
共有	p.302
クイックアクセスツールバー	p.302
書式	p.303
スクロール	p.304
操作アシスト	p.304
保存	p.308
リボン	p.309

❶ クイックアクセスツールバー
❷ タイトルバー
❸ 操作アシスト
❹ ユーザー名
❺ 共有
❻ リボン
❼ スクロールバー
● 編集画面
文字や画像などを挿入して文書を作成する領域。編集画面には文書の一部が表示される。
❽ ズームスライダー

● ステータスバー
ページ数や入力した文字数など、文書の作業状態が表示される領域。作業内容によって表示項目が追加される。

> **注意** 本書では、画面の解像度が1024×768ピクセルの状態でWordを表示しています。画面の解像度が違うときは、リボンの表示やウィンドウの大きさが異なります

❶クイックアクセスツールバー
Wordでよく使う機能を小さくまとめて表示できるツールバー。使いたいボタンを自由に追加できる。

❷タイトルバー
ファイル名が表示される領域。保存前のWordファイルには「文書1」や「文書2」のような名前が表示される。

作業中のファイル名が表示される

❸操作アシスト
入力したキーワードに関連する検索やヘルプが表示される機能。使いたい機能のボタンがどこにあるか分からないとき利用する。例えば「罫線」と入力すると、[罫線の削除] や [ページ罫線] などの項目が表示される。

❹ユーザー名
Officeにサインインしているアカウントの情報が表示される。Microsoftアカウントでサインインしていると、マイクロソフトが提供しているオンラインサービスを利用できる。

❺共有
Wordの文書をクラウドに保存して、ほかの人と共有するための機能。共有の機能を利用すると、OneDriveにWordの文書を保存して、ほかのパソコンやスマートフォンなどから文書の閲覧や編集ができるようになる。

❻リボン
作業の種類によって、「タブ」でボタンが分類されている。[ファイル] や [ホーム] タブなど、タブを切り替えて必要な機能のボタンをクリックすることで、目的の作業を行う。

タブを切り替えて、目的の作業を行う

❼スクロールバー
画面をスクロールするために使う。画面表示を拡大しているとステータスバーの下にも表示される。スクロールバーを上下左右にドラッグすれば、表示位置を移動できる。

❽ズームスライダー
画面の表示サイズを変更できるスライダー。左にドラッグすると縮小、右にドラッグすると拡大できる。[拡大] ボタン（＋）や [縮小] ボタン（－）をクリックすると、10%ごとに表示の拡大と縮小ができる。

◆ズームスライダー　　ここをクリックして [ズーム] ダイアログボックスを表示しても画面の表示サイズを任意に切り替えられる

HINT! 画面の大きさによってリボンの表示が変わる

本書では、「1024×768ピクセル」の解像度に設定した状態で画面を再現しています。画面の大きさによっては、リボンに表示されているボタンの並び方や絵柄、大きさが変わることがあります。そのときは、ボタンにマウスポインターを合わせたときに表示されるボタン名などを参考にして読み進めてください。

HINT! リボンを非表示にするには

ノートパソコンなどで、ディスプレイのサイズが小さい場合は、リボンを一時的に非表示にできます。いずれかのタブをダブルクリックするか、画面右上の [リボンを折りたたむ] ボタン（）をクリックすると、リボンが非表示になります。

HINT! 編集画面には文書の一部が表示されている

編集画面には、文書の一部分が表示されています。表示されていない部分を見るためには、スクロールバーを使って、表示する位置を変更します。

画面に表示されている部分

実際の文書のサイズ

この章のまとめ

●パソコンとWordがあれば自由に文書が作れる

ワープロソフトでの文書作りは、キーボードから文字を入力して編集し、プリンターで用紙に印刷するまでの流れになります。Wordでは、編集画面で文字を入力し、リボンなどにある機能を使って、編集や装飾などの操作を行います。これらの基本となる操作や流れ、起動、終了、入力の基本を理解しておけば、初めてパソコンに触れる人でも、戸惑うことなく、的確に自分が必要としている文書を作れるようになります。

Wordの基本を覚える

Wordの特徴と起動方法、基本画面を覚えて、文書を作成する準備をする

第2章 文字を入力して文書を作成する

この章では、例文を通して、Wordで文書を作るための基礎となる日本語入力について解説しています。入力した文字を漢字に変換する方法や、カタカナや記号の入力など、文書の作成には欠かせない操作を紹介しています。

●この章の内容
- ④ 文書を作ってみよう……………………………… 42
- ⑤ キーボードの操作を覚えよう …………………… 44
- ⑥ 入力方式を選ぶには ……………………………… 46
- ⑦ ひらがなを入力するにはⅠ ……………………… 48
- ⑧ ひらがなを入力するにはⅡ ……………………… 52
- ⑨ 漢字を入力するには ……………………………… 56
- ⑩ カタカナを入力するには ………………………… 58
- ⑪ 「しゃ」を入力するには ………………………… 60
- ⑫ 次の行に移動するには …………………………… 62
- ⑬ 「ん」を入力するには …………………………… 64
- ⑭ 結語の「以上」を自動的に入力するには …… 66
- ⑮ 日付を入力するには ……………………………… 70
- ⑯ アルファベットを入力するには ………………… 72
- ⑰ 記号を入力するには ……………………………… 74
- ⑱ 文書を保存するには ……………………………… 78

レッスン 4

文書を作ってみよう

文書作成の基本

文書を作るためには、キーボードから文字を入力して変換します。作りたい文章の内容に合わせて、いろいろな種類の文字を組み合わせていきます。

文書作成の流れ

Wordによる文書作成の基本的な流れは、キーボードから文字を入力して文章を作り、「保存」という機能を使って、パソコンの中にファイルとして残します。保存した文書は、文書ファイルとも呼ばれます。作成した文書は、プリンターを使って紙に印刷でき、保存した文書は、後から何度でも開いて再利用できます。

▶キーワード

アイコン	p.300
日本語入力システム	p.306
ファイル	p.307
フォルダー	p.307
プリンター	p.308
文書	p.308
保存	p.308

❶文書を作成する

キーボードから文字を入力する

❷作成した文書を保存する

作成した文書を保存する

❸文書を活用する

保存した文書を開いて再利用する

作成した文書を印刷する

文字入力の流れ

キーボードからひらがなや漢字を入力するためには、「日本語入力システム」を使います。キーの押し方と日本語入力システムを使った文字の入力方法は、次のレッスンから詳しく解説していきます。

> **HINT!**
> ### 保存した文書はアイコンで表示される
> 保存した文書は、[ドキュメント] フォルダーなどに、Wordのアイコンで表示されるようになります。この文書をメールに添付したり、USBメモリーなどにコピーしたりすれば、ほかの人が利用するWordでも同じ文書を利用できます。文書の保存については、レッスン⓲で詳しく解説します。

❶キーボードから文字を入力する

❷漢字の変換候補を選択する

> **HINT!**
> ### 日本語入力システムはIMEと呼ばれている
> パソコンで利用する日本語入力システムは、「IME」と呼ばれています。これは、英語のInput Method Editorの略称で「文字を入れる機能」という意味です。IMEは、マイクロソフト以外の会社も開発しています。Windowsに対応するIMEをインストールすれば、日本語入力の精度を強化できます。

❸選択した変換候補を確定する

レッスン 5

キーボードの操作を覚えよう

キーの配置、押し方

Wordで文書を作るためには、キーボードから文字を入力します。初めてパソコンのキーボードを使うときは、主なキーの役割と、キーの押し方を理解しておきましょう。

入力に使うキー

キーボードには、いろいろなキーがありますが、その用途は大きく2つに分かれています。1つは、文字を入力するためのキーです。文字キーには、アルファベットや数字、かなを入力するためのキーが並んでいます。そしてもう1つは、文字キーの左右や下にある、文字の編集や日本語入力システムなどで利用するための機能キーです。

▶キーワード

Num Lock	p.300
カーソル	p.301
テンキー	p.305
日本語入力システム	p.306
入力モード	p.306
文書	p.308

◆[半角/全角]キー
入力モードの[ひらがな]と[半角英数]を切り替える

◆文字キー
文章などの文字を入力するために使うキーの集まり

◆[Backspace]（バックスペース）キー
カーソルの左にある文字を削除する

◆[Num Lock]（ナムロック）キー
テンキーのオンとオフを切り替える

◆テンキー
数字を入力するときに使う

◆[Shift]（シフト）キー
大文字や記号などを入力するときにほかのキーと組み合わせて使う

◆スペースキー
空白（スペース）の入力と、「読み」を変換するために使う

◆[Enter]（エンター）キー
改行の入力と、「変換」した文字の確定に使う

◆[Delete]（デリート）キー
カーソルの右にある文字を削除する

テクニック　キーと指の配置を覚えておこう

キーボードにあるキーをどの指で押すのかは、使う人の自由です。左右の人さし指だけで押しても、必要な文字は入力できます。しかし、キーボードで文字を大量に入力したいと考えているのなら、左右の指ごとに決められている指の配置を覚えておくと便利です。右のイラストのように、左右それぞれの指ごとに、押すキーが決まっています。決まった指でキーを押すようにすれば、結果的に文字の入力が速くなります。なお、ほとんどのキーボードには左右の人さし指の位置である F キーと J キーに突起が設けられています。目で確認せずに位置が分かるので、覚えておくと便利です。

左右それぞれの指ごとに押すキーが決まっている

キーの押し方

キーを押すときは、ポンと叩くように押します。長く押し続けると同じ文字が連続して入力されてしまうので、押したらすぐに離します。Shift（シフト）やCtrl（コントロール）と書かれたキーは、必ずほかのキーと組み合わせて使います。そのため、これらのキーを押したら、指を離さないようにしたまま、組み合わせて使うキーを押します。本書では、こうしたキーの操作を「Alt + カタカナひらがなキーを押す」「Ctrl + Sキーを押す」のように表記しています。

●正しい文字キーの押し方

●間違った文字キーの押し方

●複数のキーを組み合わせた押し方

タッチキーボードが利用できる機器もある

タッチ操作に対応するタブレットやディスプレイを利用していると、画面に表示されるタッチキーボードを使って文字を入力できます。

画面に表示される文字の大きさを拡大するには

Windows 10で画面に表示される文字やアイコンが小さいときは、デスクトップで右クリックし［ディスプレイ設定］を選択します。［テキスト、アプリ、その他の項目のサイズを変更する］のスライダーを右にドラッグしてサイズを変更しましょう。なお、画面の解像度によって［150%］や［200%］の項目は表示されません。Windows 8.1やWindows 7では、デスクトップを右クリックした後に［画面の解像度］-［テキストやその他の項目の大きさの変更］の順にクリックし、［大 - 150%］［特大 - 200%］などからサイズを選びます。いずれの操作もサインアウト（ログオフ）の必要があるので、ファイルを編集中のときは名前を付けて保存を実行しましょう。

Point

基本的なキー操作は多くのパソコンで共通

キーボードに用意されているキーの種類は、パソコンの機種によって細かい違いがあります。しかし、文書を作成するために必要となる基本的なキーは、すべての機種で共通です。したがって、文書を作成するにあたっては、WindowsとWordが利用できるパソコンであれば、基本的なキー操作はすべて共通です。本書では、標準的なキーボードを基準にして、キーの種類と操作方法を解説しています。

レッスン 6 入力方式を選ぶには

入力方式、入力モード

Wordで日本語を入力するときに、「ローマ字入力」と「かな入力」という2つの方式を選べます。2つの入力方式は、キーボードやマウスの操作で切り替えられます。

ローマ字入力とかな入力の確かめ方

Wordを起動した直後は、自動的に入力モードが［ひらがな］になっています。このときの入力方式が、［ローマ字入力］か［かな入力］かは、Aなどのキーを押せば確かめられます。

●ローマ字入力

日本語の読みをA（あ）、I（い）、U（う）のようにローマ字で表現して入力する方法。

●かな入力

日本語の読みをあ、い、うのように、キーに刻印されたひらがなの通りに押して入力する方法。

入力方式の切り替え方法

［ローマ字入力］と［かな入力］を切り替えるには、Alt＋カタカナひらがなキーを押します。HINT!の方法で入力方式を確認するか、Aなどのキーを押して試しに文字を入力して確認しましょう。

Alt＋カタカナひらがなキーを押す

［はい］をクリックすると入力方式が切り替わる

▶キーワード

かな入力	p.302
日本語入力システム	p.306
入力モード	p.306
ローマ字入力	p.309

ショートカットキー

………［かな入力］への切り替え
半角/全角 …… 入力モードの切り替え

HINT! マウスの操作でも入力方式の確認や切り替えができる

入力方式が、［ローマ字入力］か［かな入力］かは、以下の手順で確かめられます。このメニューを使うと、マウスの操作でも［ローマ字入力］と［かな入力］を切り替えられます。Windows 7では、［KANAキー］ボタンがオン（KANA）で［かな入力］、［KANAキー］ボタンがオフ（KANA）で［ローマ字入力］になります。

❶言語バーのボタンを右クリック

❷［ローマ字入力/かな入力］にマウスポインターを合わせる

❸入力方式をクリックして選択

入力モードの種類と切り替え方法

Microsoft IMEには、5つの入力モードがあります。入力モードは、マウスの操作で切り替えられます。よく使う［ひらがな］と［半角英数］は、[半角/全角]キーや[英数]キーでも簡単に切り替えられます。

● ［ひらがな］の入力モード

あ ◆ひらがな　　あ ◆漢字

あいうえお　　春夏秋冬

● ［全角カタカナ］の入力モード

カ ◆全角カタカナ

アイウエオ

● ［全角英数］の入力モード

A ◆アルファベット（全角）

ＡＢＣａｂｃ

● ［半角カタカナ］の入力モード

ｶ ◆半角カタカナ

ｱｲｳｴｵ

● ［半角英数］の入力モード

A ◆数字（半角）　　A ◆アルファベット（半角）

12345　　ABCabc

● 入力モードの切り替え方法

❶言語バーのボタンを右クリック
❷入力モードをクリックして選択
設定されている入力モードの横に●が表示される
アイコンの表示でも設定済みの入力モードを確認できる

 変換モードって何？

変換モードは、キーボードから入力した文字を漢字などに変換するかどうかを選ぶ機能です。通常は［一般］に設定されていますが、［無変換］を選ぶと、押したキーの文字がそのまま画面に入力されます。なお、Windows 7では、言語バーの［変換モード］ボタン（般）をクリックして変換モードの変更ができます。

❶言語バーのボタンを右クリック
❷［変換モード］にマウスポインターを合わせる
変換モードが表示される
［無変換］をクリックすると、文字が変換されなくなる

Point

自分に合った入力方式を選ぶ

日本語を入力するときに、［ローマ字入力］か［かな入力］を使うかは、自由に決めて構いません。一般的には、［ローマ字入力］の方が、覚えるキーの数が少ないので、日本語の入力が容易になると考えられています。一方で、[A][I][U][E][O]などの英文字を頭の中で置き換えるのが面倒だと感じるなら、キーに表示されている文字をそのまま入力できる［かな入力］が便利です。

レッスン 7 ひらがなを入力するには Ⅰ

ローマ字入力

このレッスンでは、「ローマ字入力」を使って、ひらがなを入力します。入力モードと入力方式を確認して、例文を入力していきましょう。

1 入力位置を確認する

レッスン❷を参考に、Wordを起動しておく

「かな入力」で文字を入力したい場合は、レッスン❽を参考にする

カーソルの位置を確認

入力した文字は、カーソルが点滅しているところに表示される

▶キーワード

カーソル	p.301
入力モード	p.306
半角	p.306
ローマ字入力	p.309

HINT! 入力モードによって入力される文字が異なる

キーを押したときに入力される文字は、入力モードが［ひらがな］か［半角英数］かによって異なります。入力モードが［ひらがな］の場合、キーに表記されているアルファベットの読みに対応する日本語が入力されます。［半角英数］の場合は、キーに表記されている英数字や記号が入力されます。

●入力モードが［ひらがな］の場合

Ｉキーを押す

「い」が入力された

●入力モードが［半角英数］の場合

Ｉキーを押す

「i」が入力された

2 入力モードを確認する

ここでは、文書の頭にひらがなで「いがき」と入力する

❶言語バーのボタンを右クリック

❷入力モードが［ひらがな］になっていることを確認

❸［ローマ字入力/かな入力］にマウスポインターを合わせる

❹入力モードが［ローマ字入力］になっていることを確認

第2章 文字を入力して文書を作成する

48 できる

③ 「い」と入力する

ローマ字入力で「い」と入力するときは
Ⅰキーを押す

Ⅰキーを押す

画面上に「い」と表示された

入力中の文字は、下に点線が表示される

④ 「が」と入力する

ローマ字入力で「が」と入力するときは
Gキーを押した後にAキーを押す

❶ Gキーを押す

画面上に「g」と表示された

❷ Aキーを押す

画面上に「が」と表示された

💡HINT! 入力の途中で文字を削除するには

入力する文字を間違えてしまったときは、Back spaceキーを押して不要な文字を削除します。Back spaceキーは、押した数だけカーソルの左側（手前）に表示されている文字を削除します。削除する文字の数だけBack spaceキーを押しましょう。

間違った文字を入力したので文字を削除する

Back spaceキーを押す

カーソルの左側に入力されていた文字が削除された

💡HINT! 入力途中の文字をまとめて削除するには

入力中の文字は、下に点線が表示されます。文字の下に点線が表示されている状態でEscキーを押すと、入力途中の文字をまとめて削除できます。

間違って入力してしまった文字をすべて削除する

Escキーを押す

入力途中の文字がすべて削除された

次のページに続く

⑤ 「き」と入力する

ローマ字入力で「き」と入力するときは
Kキーを押した後にIキーを押す

HINT! ローマ字変換表を見ておこう

ローマ字入力では、「a」「i」「u」「e」「o」の母音と、「k」「s」「t」「n」「h」「m」「y」「r」「w」などの子音を組み合わせてひらがなを入力します。付録4の「ローマ字変換表」を参考に、入力するひらがなが、どのキーの組み合わせになるかを覚えておきましょう。

⚠ 間違った場合は？

入力するキーを間違えたときは、Back spaceキーを押して間違えた文字を消し、正しい文字を入力します。

 ❶Kキーを押す

画面上に「k」と表示された

いが k

 ❷Iキーを押す

画面上に「き」と表示された

いがき

HINT! ローマ字入力にはいくつかの種類がある

ローマ字入力では、ひらがなを入力するアルファベットの組み合わせに、いくつかの種類があります。例えば、「ち」は「t」「i」でも「c」「h」「i」でも入力できます。ローマ字入力でのキーの組み合わせについては、付録4の「ローマ字変換表」を参考にしてください。

👆 テクニック　ローマ字入力で利用するキーを覚えよう

ローマ字入力では、キーの左側に刻印されている英数字や記号を使います。「A」～「Z」までの英字は、キーの左上にアルファベットが表示されています。数字と記号は、キーの上下2段で表示されています。上に表示されている文字を入力するときは、Shiftキーを押しながら、該当するキーを押します。
なお、キーを押したときに入力される文字は、入力モードが［ひらがな］か［半角英数］かによって異なります。ローマ字入力では、入力モードが［ひらがな］の場合には、アルファベットの読みに対応したローマ字が画面に表示されます。入力モードが［半角英数］の場合は、キーの左側に表示されている英数字や記号が入力されます。右のイラストを参考にして、入力される文字の違いを確認してください。

●ひらがなの入力方法

このキーを押すと「あ」と入力される

かな入力のときに、このキーを押すと「ち」と入力される

●数字や記号の入力方法

Shiftキーを押しながらこのキーを押すと「#」と入力される

かな入力のときに、このキーを押すと「あ」と入力される

このキーを押すと「3」と入力される

⑥ 入力を確定する

文字の下に点線が表示されているときは、まだ入力が確定していない

入力を確定するときはEnterキーを押す

 Enterキーを押す

⑦ ひらがなを入力できた

ひらがなで「いがき」と入力できた

入力が確定すると、文字の下の点線が消える

続いてレッスン❾へ進む

 予測入力を使って文字を入力してもいい

Windows 10とWindows 8.1に搭載されているMS-IMEでは、ひらがなを3文字入力すると予測候補が表示されます。これは、MS-IMEに搭載されている予測入力という機能です。表示された予測候補で↓キーかTabキーを押して入力する単語を選んでも構いません。予測入力の機能で入力した単語は、辞書に記録され、次に同じ文字を入力したときに予測候補に自動で表示されます。ただし、辞書にないひらがなを入力したときは、予測候補が表示されません。

❶「しんじ」と入力

予測候補が表示された

❷ ↓キーを押す

「新宿」が選択された

Enterキーを押すか、次の文字を入力すると「新宿」の変換が確定する

Point

母音と子音を組み合わせて入力する

ひらがなを入力するには、その読みに対応したキーを押して、目的の文字が画面に表示されたら、Enterキーで確定します。ローマ字入力では、「あいうえお」の母音に対応した「a」「i」「u」「e」「o」と、母音と組み合わせて使う子音に対応した英字を組み合わせて、ひらがなを入力します。例えば「か」行であれば、「ka」「ki」「ku」「ke」「ko」のように、「k」と母音を組み合わせて入力します。ローマ字入力はキーボードの英字だけを使うので、かな入力に比べると、使うキーの数が少なく、単純で覚えやすい入力方法です。

レッスン 8

ひらがなを入力するには II

かな入力

「かな入力」では、入力したいひらがなが書かれているキーをそのまま押して、ひらがなを入力できます。このレッスンでは、かな入力の基本について説明します。

1 入力位置を確認する

- レッスン❷を参考に、Wordを起動しておく
- 「ローマ字入力」で文字を入力したい場合は、レッスン❼を参考にする
- カーソルの位置を確認
- 入力した文字は、カーソルが点滅しているところに表示される

▶キーワード

かな入力	p.302
濁音	p.304
半濁音	p.307

ショートカットキー

`Alt` + `カタカナ/ひらがな` …………[かな入力]への切り替え

HINT! 入力モードによって入力される文字が異なる

キーを押したときに入力される文字は、入力モードが[ひらがな]か[半角英数]かによって異なります。入力モードが[ひらがな]の場合、キーに表記されているひらがなが入力されます。入力モードが[半角英数]の場合は、キーに表記されている英数字や記号が入力されます。

●入力モードが[ひらがな]の場合

Ⅰキーを押す

「に」が入力された

●入力モードが[半角英数]の場合

Ⅰキーを押す

「i」が入力された

2 入力方式をかな入力に切り替える

- ここでは、文書の頭にひらがなで「いがき」と入力する
- ❶言語バーのボタンを右クリック

- 入力方式をかな入力に切り替える

- ❷[ローマ字入力/かな入力]にマウスポインターを合わせる
- ❸[かな入力]をクリック
- 入力方式が切り替わる

HINT! [KANAキー]ボタンで切り替えができる

Windows 7では、言語バーの[KANAキー]ボタン()をクリックしてオンに設定すると[かな入力]に切り替わり、ボタンが KANA の表示になります。

③ 「い」と入力する

かな入力で「い」と入力するときは
Ⓘキーを押す

Ⓘキーを押す

画面上に「い」と表示された

入力中の文字は、下に
点線が表示される

④ 「が」と入力する

かな入力で「が」と入力するときはⓀキーを
押した後に⌐キーを押す

❶Ⓚキーを押す

画面上に「か」と表示された

❷⌐キーを押す

画面上に「が」と表示された

HINT! 入力の途中で文字を削除するには

間違った文字を入力した場合は、Back spaceキーを押して不要な文字を削除します。Back spaceキーを押すと、押した数だけカーソルの左側（手前）に表示されている文字が削除されます。削除する文字の数だけBack spaceキーを押しましょう。

間違った文字を入力したので
文字を削除する

Back spaceキーを押す

カーソルの左側に入力されていた
文字が削除された

HINT! 入力途中の文字をまとめて削除するには

入力中の文字は、下に点線が表示されます。文字の下に点線が表示されている状態でEscキーを押すと、入力途中の文字をまとめて削除できます。

間違って入力してしまった
文字をすべて削除する

Escキーを押す

入力途中の文字が
すべて削除された

次のページに続く

⑤ 「き」と入力する

かな入力で「き」と入力するときは
［き］キーを押す

 ［き］キーを押す

画面上に「き」と表示された

いがき

💡 HINT! 誤変換に関するメッセージが表示されることがある

Microsoft IMEを利用して文字を入力していると、IMEの変換エラーの報告に協力してください、というメッセージが表示されることがあります。これは、入力内容や最初の変換結果に、選ばれた候補や使用しているIMEに関する情報などをマイクロソフトに送信するかどうかを判断するメッセージです。マイクロソフトでは、IMEの変換精度を向上させるために、これらの情報を収集しています。送信するデータには、個人情報などは含まれないので、変換エラーの報告に協力しても、個人が特定される心配はありません。

⚠️ 間違った場合は?

入力する文字を間違えたときは、［Back space］キーを押して間違えた文字を消し、正しい文字を入力します。

👉 テクニック　かな入力で利用するキーを覚えよう

かな入力では、キーの右側にひらがなが刻印されているキーを使います。「あ」〜「ん」のひらがなは、キーの右下に表示されています。「ぁ」「ぃ」「ぅ」「ぇ」「ぉ」などの小さなひらがな文字は、キーの右上に表示されています。「ぁ」などのキー右上に表示されている文字を入力するときは、［Shift］キーを押しながら、そのキーを押します。
なお、キーを押したときに入力される文字は、入力モードが［ひらがな］か［半角英数］かによって異なります。かな入力では、入力モードが［ひらがな］の場合、ひらがなに対応した文字が画面に表示されます。入力モードが［半角英数］の場合は、キーの左側に表示されている英数字や記号が入力されます。

●ひらがなの入力方法

ローマ字入力のときに、このキーを押すと、「あ」と入力される

かな入力でこのキーを押すと、「ち」と入力される

●数字や記号の入力方法

半角英数やローマ字入力のときに利用する

かな入力で［Shift］キーを押しながらこのキーを押すと、「ぁ」と入力される

かな入力でこのキーを押すと、「あ」と入力される

⑥ 入力を確定する

文字の下に点線が表示されているときは、まだ入力が確定していない

入力を確定するときは Enter キーを押す

Enter キーを押す

⑦ ひらがなを入力できた

ひらがなで「いがき」と入力できた

入力が確定すると、文字の下の点線が消える

HINT! 「゛」や「゜」のある文字を入力するには

「だ」「ぢ」「づ」や「ぱ」「ぴ」のように、濁音や半濁音の文字を入力するときは、「た」や「は」の文字を入力した後で、□キーや□キーを押します。文字の下に点線が表示され、入力が確定してない状態で□キーや□キーを押すのがポイントです。

●濁音の入力

 ❶ た キーを押す

た

 ❷ ゛ キーを押す

だ　文字に濁点が付いた

●半濁音の入力

 ❶ は キーを押す

は

 ❷ ゜ キーを押す

ぱ　文字に半濁点が付いた

Point かな入力を使うときは切り替えが必要

かな入力は、かなが明記された目的のキーをそのまま押せばいいので、ローマ字のように母音と子音を組み合わせた「読み」を考える必要がありません。キーに明記された英数字を探すのが苦手な人は、かな入力を試してみましょう。ただし、パソコンやWordの初期設定では、標準の入力方式がローマ字入力に設定されています。そのため、かな入力を使うには、言語バーのボタンや Alt ＋ カタカナひらがな キーを使って、入力方式をかな入力に切り替える必要があります。

レッスン 9

漢字を入力するには

漢字変換

ローマ字入力やかな入力でひらがなを入力できるようになったら、今度は読みを入力して漢字に変換してみましょう。漢字の変換にはspaceキーを使います。

1 入力位置を確認する

「いがき」に続けて漢字で「資格」と入力する

「いがき」の後にカーソルが表示されていることを確認

▶キーワード

確定	p.301
かな入力	p.302
ローマ字入力	p.309

📄 **レッスンで使う練習用ファイル**
漢字変換.docx

💡 **HINT! 予測候補の一覧から選んでもいい**

51ページのHINT!でも解説していますが、Windows 10やWindows 8.1のMicrosoft IMEでは、ひらがなを3文字以上入力すると、予測候補が表示されます。予測入力で表示された候補をそのまま使いたいときは、↓キーかTabキーを押して選びます。

2 「しかく」と入力する

ひらがなで「しかく」と入力してから漢字に変換する

 ❶Sキーを押す　❷Iキーを押す

いがきし

 ❸Kキーを押す　❹Aキーを押す

いがきしか

❺Kキーを押す　❺Uキーを押す

いがきしかく

3文字以上文字を入力すると、自動で予測候補が表示される

↓キーかTabキーを押して単語を選択できる

●かな入力の場合

  　❶しキーを押す　❷かキーを押す　❸くキーを押す

いがきしかく

③ 漢字に変換する

「資格」という漢字に変換する

ひらがなを漢字に変換するときは
spaceキーを使う

 spaceキーを押す

いがき資格

「資格」という漢字に変換された

文字に下線が表示されているときは、まだ入力が確定していない

④ 入力を確定する

変換された漢字を確定する

 Enterキーを押す

⑤ 漢字を入力できた

漢字で「資格」と入力できた

入力が確定すると、文字の下線が消える

入力したい漢字が一度で表示されないこともある

spaceキーを押しても、目的の漢字に変換されなかったときは、もう一度spaceキーを押します。すると、同じ読みで違う単語の一覧が表示されます。

目的の漢字に変換されなかったので、もう一度spaceキーを押す

 同じ読みの別の漢字が表示された

間違った場合は？

spaceキー以外のキーを押してしまったら、間違えて入力した文字をBack spaceキーを押して削除して、あらためてspaceキーで変換し直しましょう。

Point

読みを入力してから変換する

漢字の入力は、まずひらがなで読みを入力し、それを「変換」して漢字にします。変換には、spaceキーを使い、変換候補から漢字を選びます。変換した漢字は、Enterキーを押すことで入力が確定し、編集画面に入力されます。漢字入力の基本は、「読みの入力→漢字への変換→確定」という操作になります。なお、複数の単語や文節も一度にまとめて変換できます。ただし、常に正しい変換結果になるとは限らないので、キーボードの操作に慣れないうちは、単語や文節などの短い単位で区切って読みを入力し、変換してから確定するようにしましょう。

レッスン 10

カタカナを入力するには

カタカナへの変換

カタカナは、漢字と同じように「読み」を入力してキーで変換します。カタカナに変換する単語の読みを入力して、カタカナへの変換方法を理解しましょう。

▶キーワード

かな入力	p.302
スペース	p.304
長音	p.305
テンキー	p.305

📄 レッスンで使う練習用ファイル
カタカナへの変換.docx

1 入力位置を確認する

「いがき資格」に続けてカタカナで「セミナー」と入力する

「いがき資格」の後にカーソルが表示されていることを確認

💡 HINT! 長音とハイフンのキー配置を覚えておこう

カタカナでは、伸ばす文字である長音（ー）がよく使われます。長音を入力するキーは、ローマ字とかな入力では異なります。キーボードのイラストを見て、それぞれのキー配置を覚えておいてください。また、長音とは別に、ハイフン（－）という全角のマイナス記号があります。テンキーにある－キーを使うと、長音ではなくハイフンが入力されてしまうので、注意しましょう。

ローマ字入力で「長音」（ー）を入力するときに使うキー

かな入力で「長音」（ー）を入力するときに使うキー

2 「せみなー」と入力する

まずひらがなで「せみなー」と入力してからカタカナに変換する

| S と | E い | M も | I に | ❶Sキーを押す | ❷Eキーを押す | ❸Mキーを押す | ❹Iキーを押す |

いがき資格せみ

  ❺Nキーを押す ❻Aキーを押す

いがき資格せみな

 「ー」を入力するときは、ーキーを押す ❼ーキーを押す

いがき資格せみなー

●かな入力の場合

いがき資格セミナー

❸ カタカナに変換する

「セミナー」に変換する

漢字と同様に、[space]キーを使って変換する

[space]キーを押す

いがき資格セミナー

「セミナー」と変換された

文字に下線が表示されているときは、まだ入力が確定していない

❹ 入力を確定する

変換されたカタカナを確定する

[Enter]キーを押す

❺ カタカナを入力できた

カタカナで「セミナー」と入力できた

入力が確定すると、文字の下線が消える

いがき資格セミナー

カタカナに変換できなかったときは

[space]キーを押しても一度でカタカナに変換できない読みは、[F7]キーを押してカタカナに変換します。一度[F7]キーで変換したカタカナは、次回からは[space]キーでも変換できるようになります。なお、[F10]キーなど、特別な機能がある[F1]〜[F10]のキーのことを、「ファンクションキー」といいます。

❶ひらがなで入力

ちりこんかん

❷[F7]キーを押す

チリコンカン

カタカナに変換された

 間違った場合は？

[space]キーを押し過ぎて、カタカナ以外の単語が表示されてしまったときは、[space]キーをさらに押して、目的のカタカナを表示してから、確定しましょう。

Point

カタカナも漢字のように変換できる

Wordの日本語入力では、一般的なカタカナも[space]キーで変換できます。[space]キーでカタカナに変換できない場合は、キーボード上部にある[F7]キーを押すといいでしょう。また、読みを何も入力せずに[space]キーを押すと、全角1文字分の空白が入力されます。スペースは、空白の文字なので、画面には何も表示されず、印刷もされません。文字と文字の間隔を空けたいときなどに利用しましょう。

10 カタカナへの変換

レッスン 11

「しゃ」を入力するには

拗音の入力

小さな「ゃゅょ」や「ぁぃぅぇぉ」などの拗音は、ローマ字とかな入力では、入力方法が異なります。自分の入力方式に合わせた使い方を理解しましょう。

① 入力位置を確認する

「いがき資格セミナー」に続けて「株式会社」と入力する

「いがき資格セミナー」の後にカーソルが表示されていることを確認

▶キーワード

かな入力	p.302
促音	p.304
拗音	p.309
ローマ字入力	p.309

レッスンで使う練習用ファイル
拗音の入力.docx

HINT! ローマ字入力で小さい「っ」を入力するには

「とった」や「かっぱ」などの促音の「っ」を入力するときには、「totta」や「kappa」のように子音を続けて入力します。また、「xtu」や「ltu」などでも小さな「っ」だけを入力できます。

② 「かぶしきがいしゃ」と入力する

❶以下の順にキーを押す

K A B U S I K I G A I
の ち こ な と に の に き ち に

いがき資格セミナーかぶしきがい

「しゃ」は「sha」と入力する

S と　H く　❷Sキーを押す　❸Hキーを押す

いがき資格セミナーかぶしきがいsh

A ち　❹Aキーを押す

いがき資格セミナーかぶしきがいしゃ

HINT! 以前のWordと文字の形が違うのはなぜ?

Word 2016が標準で使用するフォントは、以前のWordとは違います。Windows 10や8.1などに標準で搭載されている「游明朝」と「游ゴシック」というフォントが使われています。そのため、以前のWordと比べると表示される文字の形や印象が異なります。

●かな入力の場合

❶以下の順にキーを押す

T " ゛C D G T ゛C E ぃ D
か 2ふ @゛ し き か @゛ い り

いがき資格セミナーかぶしきがいし

 Shift　 ゃ 7 や

小さい「ゃ」を入力するときはShiftキーを使う

❷Shift+ゃキーを押す

いがき資格セミナーかぶしきがいしゃ

❸ 漢字に変換する

 space キーを押す

いがき資格セミナー株式会社

「株式会社」と変換された

❹ 入力を確定する

変換された漢字を確定する

 Enter キーを押す

❺ 「株式会社」と入力できた

小さい「ゃ」を含む漢字を正しく入力できた

入力が確定すると、文字の下線が消える

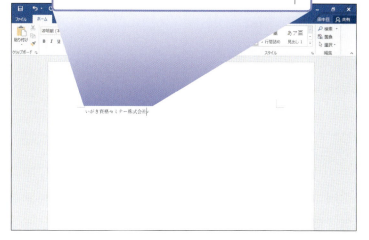

いがき資格セミナー株式会社

HINT! ローマ字入力で拗音だけを入力するには

ローマ字入力で、拗音だけを入力したいときは、Lキーや X キーを使います。これらのキーを押してから、拗音に対応したローマ字を入力すると、画面には小さな文字が表示されます。拗音の詳しい入力方法については、付録4の「ローマ字変換表」を参考にしてください。

手順2を参考に「かぶしきがいし」と入力しておく

❶ X キーを押す ❷ Y キーを押す

いがき資格セミナーかぶしきがいし x y

❸ A キーを押す

いがき資格セミナーかぶしきがいしゃ

拗音の「ゃ」を入力できた

⚠ 間違った場合は？

ローマ字入力で「ゃ」の入力を間違えたときは、間違えた文字を Back space キーを押して削除してから、X Y A キーまたは L Y A キーを押します。

Point

キーの組み合わせとキーの表示内容に注目する

ローマ字で拗音を入力するときは、「h」や「y」を使います。例えば、「さ」(sa)は、間に「h」を入れると「しゃ」(sha)になります。「た」(ta)は「y」で「ちゃ」(tya)に、「ち」(ti)は「h」で「てぃ」(thi)になります。拗音のローマ字読みが分からなくなったときは、取りあえず「y」や「h」を入れてみるといいでしょう。また、かな入力では文字キーの表示に注意してください。拗音が入力できるキーには、必ず Shift キーを押した状態で入力できる文字が明記されています。

レッスン 12

次の行に移動するには

改行

Enterキーを使えば、変換した漢字を確定できるだけでなく、「改行」の入力もできます。ここでは、Enterキーを2回押してカーソルを2行下に移動させます。

1 改行位置を確認する

「いがき資格セミナー株式会社」の2行下から、次の文字を入力する

「いがき資格セミナー株式会社」の後にカーソルが表示されていることを確認

▶キーワード

改行	p.301
行間	p.302
段落	p.305

📄 レッスンで使う練習用ファイル
改行.docx

HINT!
改行の段落記号を削除するには

Wordの編集画面に表示される改行の段落記号（↵）は、行にある文字をすべて削除するか、段落記号が選択された状態でキーか Delete キーを押すと削除されます。以下の例のように文字が入力されていない状態でキーか Delete キーを押すと段落記号が削除され、行が1行減ります。

Back space キーを押す

いがき資格セミナー株式会社↵

改行の段落記号が削除された

いがき資格セミナー株式会社↵

2 改行する

次の行にカーソルを移動する

Enterキーを押す

改行の段落記号が挿入された

いがき資格セミナー株式会社↵

次の行にカーソルが移動した

↵

👉 **テクニック** ダブルクリックで目的の行にカーソルを移動できる

改行で行を送らずに、目的の位置にマウスでカーソルを移動し、ダブルクリックすると自動的に改行の段落記号が挿入され、その位置から文字が入力できるようになります。複数の改行をまとめて入力したいときや、離れた位置に文字を入力するときなどに利用すると便利です。

目的の位置をダブルクリック

いがき資格セミナー株式会社↵

改行の段落記号が自動的に挿入された

カーソルが移動した

テクニック 改ページを活用しよう

複数ページにわたる文書を作成するとき、文章が1ページに収まらず、数行だけ2ページ目に入力されていると文章が読みにくくなってしまいます。また、文章によっては、ページいっぱいに文字を入力せず、見出しのある行から段落を次のページに送った方が読みやすくなることもあります。
このようなときは、改ページを活用しましょう。改ページは、文書の任意の位置でページを改めて次に送る機能です。改ページを挿入すると、カーソルが自動的に次のページの先頭に移動して、文字を入力できるようになります。

❶ 改ページを実行する位置をクリック
❷ Ctrl + Enter キーを押す
改ページを実行した段落が次のページに移動した

HINT! 改行の段落記号は印刷されない

Enter キーを押して表示される改行の段落記号は、編集画面だけに表示される特別な記号です。そのため印刷を実行しても紙には出力されません。なお、69ページのテクニックで紹介している[Wordのオプション]ダイアログボックスで[表示]をクリックし、[段落記号]の項目のチェックマークをはずすと編集画面に段落記号が表示されなくなります。段落記号を非表示にしてしまうと、どこで改行されているか分かりにくくなってしまうので、通常は設定を変更しない方がいいでしょう。

③ さらに改行する

ここではもう1行下にカーソルを移動させるために、さらに改行する

Enter キーを押す

④ カーソルが移動した

カーソルが2行下に移動した

⚠ 間違った場合は？

間違った位置で改行してしまったときは、Back space キーを押して改行を取り消しましょう。

Point 文章の区切りや内容の転換で改行を実行する

Wordの編集画面では、入力した文字が画面の右端まで来ると、自動的に次の行に折り返されるようになっています。そのため、長い文章を入力していけば、文章は自動的に右の端で折り返されて、次の行の左端から文字が表示されます。もし、任意の場所で次の行にカーソルを移動したいときは、Enter キーを使って改行を入力します。改行すると、編集画面に改行の段落記号が表示されます。空白などで文字を送らなくても、任意の行に空白の行を挿入して、文章を読みやすくしたり、前の話題と別の内容を示す「区切り」を設けたりすることができます。

レッスン 13

「ん」を入力するには

撥音の入力

> ローマ字入力で「ん」を入力するには、Nキーを使います。Nキーは「な行」の入力にも使うので、確実に「ん」を入力するには「nn」と「n」を2回押します。

1 入力位置を確認する

ここから「ご案内」と入力する
ここにカーソルが表示されていることを確認

▶キーワード

改行	p.301
確定	p.301
かな入力	p.302
入力モード	p.306
撥音	p.306
ローマ字入力	p.309

 レッスンで使う練習用ファイル
撥音の入力.docx

HINT! Nキーを1回だけ押しても「ん」と入力されることがある

Nキーは「な行」の子音なので、続けて母音を入力すると、「ん」ではなく「な行」の文字になります。Nキーの後に母音ではなく子音を入力すると、「n」が自動的に「ん」として入力されます。

2 「ごあんない」と入力する

❶左の順にキーを押す

「ごあn」と入力された

Nキーを2回押すと「ん」と入力できる

 ❷Nキーを押す

ごあん

⚠ 間違った場合は?

ローマ字入力で、Nキーを押した後に母音を入力して「な行」の文字になってしまったときは、Backspaceキーを押して削除し、入力し直しましょう。

●かな入力の場合

左の順にキーを押す

ごあんない

③ 漢字に変換する

❶以下の順にキーを押す

ごあんない

「ご案内」に変換する

 ❷[space]キーを押す 「ご案内」と変換された

ご案内

④ 入力を確定する

変換された漢字を確定する

 [Enter]キーを押す 入力が確定された

ご案内

⑤ 改行する

2行分改行して、次の入力位置にカーソルを移動しておく

 [Enter]キーを2回押す

カーソルが2行下に移動した

💡HINT! 句読点を入力するには

ローマ字とかな入力では、「、」や「。」を入力するキーの操作が異なります。ローマ字入力で「、」を入力するには、入力モードが[ひらがな]の状態でキーを押します。「。」を入力するときは キーを押しましょう。
かな入力で キーや キーを押すと「ね」と「る」が入力されてしまうので、[Shift]キーを押しながら キーや キーを押します。

● キーの刻印と入力の違い

ローマ字入力でこのキーを押すと、「、」と入力される

 かな入力でこのキーを押すと、「ね」と入力される

● キーの刻印と入力の違い

ローマ字入力でこのキーを押すと、「。」と入力される

 かな入力でこのキーを押すと、「る」と入力される

Point
ローマ字入力では「nn」と入力する

キーボードに表示されている文字をそのまま入力するかな入力と比べて、ローマ字入力ではアルファベットを日本語に置き換えて入力する必要があります。そのため、「ん」などの特殊な読みでは、ローマ字入力に固有のキー操作を覚えておく必要があります。「n」による「ん」の入力では、「n」の後に母音（aiueo）以外のアルファベットが入力されると、そのまま「ん」になりますが、母音が来ると「な行」の文字になってしまいます。そのため、慣れないうちは「nn」と「n」を2回入力する方が、確実に「ん」と入力できます。

レッスン 14

結語の「以上」を自動的に入力するには

オートコレクト

Wordでは、あらかじめ設定されている「頭語」が入力されると、「オートコレクト」という機能により、対応する「結語」の挿入と配置が自動的に行われます。

▶このレッスンは動画で見られます　操作を動画でチェック！　※詳しくは25ページへ

▶キーワード

オートコレクト	p.301
結語	p.303
再変換	p.303

📄 レッスンで使う練習用ファイル
オートコレクト.docx

1 入力位置を確認する

ここから「記」と入力する

ここにカーソルが表示されていることを確認

HINT! 変換候補の意味を確認するには

変換候補によっては、手順4のように変換候補に辞書のアイコン（）が表示されるときがあります。辞書のアイコンにマウスポインターを合わせると、標準辞書が表示され、同じ読みの変換候補の意味や使い方をすぐに確認できます。

ここにマウスポインターを合わせる

変換候補の意味や使い方が表示される

2 「き」と入力する

「記」と入力したいので、ひらがなで「き」と入力して変換する

「き」と入力

3 漢字に変換する

[space]キーを押す

「木」と変換された

注意　変換候補の表示内容や並び順はお使いのパソコンによって異なります

⚠ 間違った場合は？

変換候補を選び間違えたときは、確定直後であれば[Ctrl]+[Back space]キーを押すと手順2の文字入力後の状態に戻るので、正しい変換候補を選び直しましょう。次ページのHINT!を参考に再変換しても構いません。

ほかの変換候補を表示する

| 「木」ではなく「記」と入力したいので、ほかの変換候補を表示する | ほかの変換候補を表示するには、もう一度 space キーを押す |

もう一度 space キーを押す

変換候補の一覧が表示された

 確定した漢字を再変換するには

一度確定した漢字も、キーボードにある 変換 キーを使えば、再変換できます。再変換したい漢字の先頭にカーソルを合わせて、変換 キーを押します。すると、再変換の候補が表示されます。

❶再変換する漢字の前をクリックしてカーソルを表示

変換を確定した漢字をドラッグして選択してもいい

❷ キーを押す

再変換候補が表示された

 変換候補を選択する

❶ space キーを6回押す

「記」が選択された

❷ Enter キーを押す

「記」と入力された

 すべての変換候補を表示するには

変換候補の中から目的の漢字をすぐに見つけられないときには、[表示を切り替えます]をクリックすると、すべての変換候補を一度に表示できるので、探しやすくなります。

[表示を切り替えます]をクリック

入力した文字に該当する変換候補がすべて表示される

 次のページに続く

「以上」が自動的に入力されたのはなぜ？

Wordには、文字の入力や修正を自動的に行うオートコレクトという機能があります。オートコレクトの機能によって、項目を列記するために「記」と入力すると、結語として「以上」が自動的に入力されます。以下の表のような単語を入力して改行すると、頭語として認識し、自動的に対応する結語が入力されます。オートコレクトについては、次ページのテクニックでも紹介しますが、設定項目をクリックしてチェックマークをはずすと、設定をオフにできます。

● 主な頭語と結語

頭語	結語
前略	草々
拝啓	敬具
謹啓	謹白

● オートコレクトの設定項目

Point

入力の補助機能を活用する

一般的な文書では、「頭語」と「結語」は一対のセットとして使われます。Wordには、利用頻度の高い単語に対して、「オートコレクト」という文字の入力を補助する機能が搭載されています。オートコレクトを活用すると、入力の手間を軽減できるだけではなく、文字を配置する作業も省力化できるので、より手早く文書を作れるようになります。

テクニック オートコレクトの設定内容を確認する

標準の設定では、あらかじめオートコレクトが利用できるようになっています。オートコレクトが正しく動作しているかを確認するには、以下の手順で操作しましょう。

❶[ファイル]タブをクリック

[情報]の画面が表示された

❷[オプション]をクリック

[Wordのオプション]ダイアログボックスが表示された

❸[文章校正]をクリック

❹[オートコレクトのオプション]をクリック

[オートコレクト]ダイアログボックスが表示された

❺[入力オートフォーマット]タブをクリック

❻ここにチェックマークが付いていることを確認

チェックマークをはずせば設定を解除できる

❼[OK]をクリック

テクニック 単語登録で変換の手間を省こう

通常の変換操作では漢字にならない特殊な用語や、長い会社名、頻繁に利用する固有名詞などに「読みがな」を付けて単語として登録しておくと、日本語入力がより便利になります。新しい単語として登録するときに、品詞を適切に指定しておくと、文法などの解析が的確に行われるので、変換精度が向上します。なお、Windows 7では、[ツール]ボタン（）をクリックしてから、[単語/用例の登録]をクリックしましょう。

❶言語バーのボタンを右クリック

❷[単語の登録]をクリック

[単語の登録]ダイアログボックスが表示された

❸単語を入力　❹読みがなを入力

登録する単語によって品詞を選択しておく

❺[登録]をクリック　❻[閉じる]をクリック

[よみ]に入力した文字を変換すると[単語]に入力した単語が変換候補に表示される

レッスン 15

日付を入力するには

半角数字の入力

日付の入力で数字と漢字を別々に変換する必要はありません。ただし、日付の数字を全角と半角のどちらの文字にするか、目的の変換候補をきちんと選択しましょう。

1 入力位置を指定する

「日時」の後に、日付を入力する｜ここをクリック｜カーソルが移動した

2 空白を入力する

space キーを使って空白を入力する｜space キーを押す

空白が入力された

3 月を入力する

ここでは、「11月14日」と入力する｜まず月を入力する

「じゅういちがつ」と入力

▶キーワード

全角	p.304
半角	p.306

レッスンで使う練習用ファイル
半角数字の入力.docx

横書きでは半角数字を利用する

Wordで入力できる数字には半角と全角があります。横書きでは半角数字を使いましょう。

◆半角数字　◆全角数字

入力モードを切り替えれば数字を確実に入力できる

［半角/全角］キーなどで入力モードを［半角英数］に切り替えて数字を入力すると、半角の数字を確実に入力できます。

入力モードが［ひらがな］になっている

入力モードを切り替える｜｜［半角/全角］キーを押す

入力モードが［半角英数］に切り替わった

⚠ 間違った場合は？

間違った数字を入力してしまったときは、Back space キーを押して削除してから、正しく入力し直しましょう。

④ 変換する

- spaceキーを押す
- 「十一月」と変換された

日時 十一月
集合場所

⑤ ほかの変換候補を表示する

- ここでは「11月」と入力するので、ほかの変換候補を表示する
- ❶ spaceキーを3回押す

日時	11月
1	十一月
2	11月 [環境依存]
3	１１月
4	11月
5	一一月
6	壱壱月

- 変換候補の一覧が表示され、「11」が半角の変換候補が選択された
- 入力を確定する
- ❷ Enterキーを押す

日時 11月
集合場所

- 入力が確定した

⑥ 日を入力する

- 次に日を入力する
- ❶「じゅうよっか」と入力

日時 11月じゅうよっか
集合場所 ← 14日

- 変換する
- ❷ spaceキーを押す

日時 11月14日
集合場所

- 「14日」と変換された
- 「14」が全角で変換されたときは、手順5を参考に半角に変換する
- 入力を確定する
- ❸ Enterキーを押す

日時 11月14日
集合場所

HINT! 数字キーと F8 キーを使うと素早く入力できる

F8 キーは、入力した文字を半角に変換します。レッスンのように、半角の数字を入力したいときには、数字のキーを押した後、すぐに F8 キーを使って変換すると便利です。

HINT! 元号を入力すると入力時の日付が表示される

「平成」と入力して確定すると、入力時の日付が表示されます。ここでEnterキーを押すと、入力時の日付が自動的に入力されます。入力時の日付を入力しないときは、そのまま入力を続けましょう。

- ❶「平成」と入力
- 入力時の日付が表示された

平成27年9月2日 (Enter を押すと挿入します)
平成

- ❷ Enterキーを押す

平成27年9月2日

- 入力時の日付が自動的に入力された

Point

数字はなるべく半角文字を使う

Wordで入力できる数字には、全角と半角という2種類の文字があります。全角文字は漢字やひらがなと同じ大きさの数字で、半角文字はその半分のサイズになります。横書きでの日付や電話番号などの数字は、一般的に半角の数字を使います。もしも、全角の数字を入力するときは、数字を入力してspaceキーを押し、全角文字や漢数字などの変換候補を選択しましょう。

レッスン 16

アルファベットを入力するには

半角英字の入力

Wordで英文字を入力したいときは、入力モードを［半角英数］に切り替えます。すると、キーボードから「A」「B」「C」などの英文字を入力できます。

▶キーワード

入力モード	p.306
半角	p.306
ファンクションキー	p.307

レッスンで使う練習用ファイル
半角英字の入力.docx

1 入力位置を指定する

会社名の下にメールアドレスを入力する

ここをクリックしてカーソルを表示

HINT! 大文字を入力するには

通常、英字を入力すると、小文字が入力されます。大文字を入力したいときは、[Shift]キーを押しながら英字のキーを押します。なお、[Shift]＋[Caps Lock]キーを押すと、大文字の入力に固定されます。小文字を入力するときは、再度[Shift]＋[Caps Lock]キーを押しましょう。

HINT! 文頭の英単語は頭文字が大文字になる

Wordではオートコレクトの機能によって入力した英単語の頭文字が自動的に大文字に変換されます。設定内容は［オートコレクト］ダイアログボックスの［オートコレクト］タブにある［文の先頭文字を大文字にする］の項目を確認してください。

❶「impress」と入力
❷[Enter]キーを押す

自動的に「Impress」と変換された

2 入力モードを切り替える

入力モードを［半角英数］に切り替える

[半角/全角]キーを押す

入力モードの表示が［A］に変わった

入力モードが［半角英数］に切り替わった

3 アルファベットを入力する

[I][N][F][O]キーを続けて押す

いがき資格セミナー株式会社
info

「info」と入力された

⚠ 間違った場合は？

入力モードが［ひらがな］のままでアルファベットを入力してしまったときには、[F10]キーで半角英数字に変換するか、[Back space]キーを押して削除してから、正しく入力し直しましょう。

④ 「@」を入力する

メールアドレスの「@」を入力する

 @キーを押す

```
いがき資格セミナー株式会社
info@
```

「@」と入力された

⑤ 残りの文字を入力する

「@」に続けて残りの文字を入力する

❶「xxx」と入力

```
いがき資格セミナー株式会社
info@xxx
```

メールアドレスの中の「.」を入力する

 ❷ . キーを押す

```
いがき資格セミナー株式会社
info@xxx.
```

「.」と入力された

❸同様にして「igakis.co.jp」と入力

```
いがき資格セミナー株式会社
info@xxx.igakis.co.jp
```

⑥ 改行する

残りの文字を入力できた　Enterキーを押す

```
いがき資格セミナー株式会社
info@xxx.igakis.co.jp
```

入力した文字がメールアドレスと認識された

メールアドレスと認識されると、オートコレクトの機能で文字の色が変わり、下線が引かれる

キーを押して入力モードを[ひらがな]に戻しておく

HINT! F10キーで英文字に変換できる

入力モードを[半角英数]に切り替えずに、キーボード上部にあるF10キーを押すと、入力した文字を半角英数字に変換できます。

HINT! メールアドレスは「ハイパーリンク」と認識される

Wordでは、メールアドレスやホームページのURLのように、クリックしてインターネット関連の機能を実行できる文字を「ハイパーリンク」として自動的に認識します。ハイパーリンクとして認識された文字は、手順6の画面のように青色で表示され、下線が引かれます。

HINT! ハイパーリンクの設定を解除するには

Wordでは文字列をメールアドレスと認識すると、手順6のようにハイパーリンクの設定を行います。自動的に設定されてしまったハイパーリンクを解除したいときは、ハイパーリンクの文字列を右クリックして、ショートカットメニューから[ハイパーリンクの削除]を選びます。

入力モードを使い分けよう

キーボードからは、日本語と英語の2種類の文字を入力できます。ローマ字入力の場合には、英単語と見なされる文字が入力されると、入力モードが[ひらがな]のままでも、英文を入力できます。かな入力の場合には、かなで入力した後からでも、ファンクションキーで英文に変換できますが、あらかじめ入力モードを[半角英数]に切り替えておいた方が入力が簡単です。

レッスン 17 記号を入力するには

記号の入力

「:」などの記号は、[半角英数]の入力モードで入力します。また、読みの変換でも記号を入力できます。記号を使って時間や曜日を入力してみましょう。

1 入力位置を指定する

日付に続けて、「（土） 9:00 ～ 17:00」と曜日と時刻を入力する

ここをクリックしてカーソルを表示

▶キーワード

記号	p.302
全角	p.304
入力モード	p.306
半角	p.306

📄 レッスンで使う練習用ファイル
記号の入力.docx

HINT! 「記号」と入力して変換しても記号を入力できる

「きごう」と読みを入力して変換すると、記号の変換候補を表示できます。表示される記号の数が多いので、キーボードのキーやキー、マウスなどを使って表示を上下に移動させると便利です。

❶「きごう」と入力
❷ Space キーを押す

変換候補に記号が表示された

[表示を切り替えます]をクリックすると、すべての変換候補を表示できる

2 「（」を入力する

「（土）」と入力するので、まず「（」を入力する

「（」を入力するときはShiftキーを使う

❶ Shift ＋ 8 キーを押す

「（」と入力された

入力を確定する ❷ Enter キーを押す

入力が確定された

⚠ 間違った場合は?

「（」を半角で入力してしまったときは、キーで削除してから入力モードを切り替えて、もう一度入力し直しましょう。

③ 「土)」を入力する

❶ 「ど」と入力して「土」に変換　❷ Enterキーを押して入力を確定

```
日時　11月14日（土
集合場所
教材
```

「)」も「(」と同様にShiftキーを使って入力する

❸ Shift + 9 キーを押す

```
日時　11月14日（土）
集合場所
教材
```

「)」と入力された

入力を確定する　❹ Enterキーを押す

```
日時　11月14日（土）
集合場所
教材
```

入力が確定された

④ 空白を入力する

空白を入力する　spaceキーを押す

```
日時　11月14日（土）　
集合場所
教材
```

空白が入力された

 読みから記号に変換できる

「■」や「●」などの記号には、読みが登録されています。そのため、通常の漢字変換と同じ手順で、読みを入力して変換すると、変換候補の記号が一覧で表示されます。

ここでは「★」を入力する

❶ 「ほし」と入力　❷ spaceキーを押す

❸ もう一度spaceキーを押して変換候補を表示

「★」が選択された　❹ Enterキーを押す

●読みで入力できる主な記号一覧

記号	読み
○●◎	まる
■□◆◇	しかく
△▲▽▼	さんかく
☆★	ほし
※	こめ
々〃仝	おなじ
／	しめ
×	かける
÷	わる
〒	ゆうびん
℡	でんわ
°℃	ど
≠≦≧	ふとうごう

17 記号の入力

次のページに続く

❺ 時間を入力する

空白に続けて半角で「9:00」と入力する

❶[半角/全角]キーを押す　入力モードが切り替わった

❷[9][:][0][0]キーを続けて押す　「;」(セミコロン)ではなく、「:」(コロン)を入力する

日時　11月14日（土）　9:00　　半角で「9:00」と入力できた
集合場所

[入力モード]を元に戻す　❸[半角/全角]キーを押す

❻「〜」を入力する

時間と時間の間に「〜」を入力する　　ひらがなの「から」を変換して入力する　　❶「から」と入力　　❷[space]キーを押す

日時　11月14日（土）　9:00から
集合場所

「から」と表示された　　ほかの変換候補を表示する

日時　11月14日（土）　9:00から
集合場所

❸[space]キーを押す　　変換候補の一覧が表示された　　❹続けて[space]キーを3回押す

変換候補の一覧が表示され、[〜]が選択された

入力を確定する

❺[Enter]キーを押す

日時　11月14日（土）　9:00〜
集合場所　　　　　　　　　　　入力が確定された

HINT! 総画数や部首から目的の漢字を探すには

IMEパッドを使えば、手書きや画数、部首などから入力したい漢字を探し出せます。目的の文字を画数から探すには、[IMEパッド]ダイアログボックスで[総画数]ボタン(画)をクリックしましょう。へんやつくりから探すには[部首]ボタン(部)が便利です。また、[手書き]ボタン(✐)をクリックすると、マウスで書いた文字から目的の文字を探せます。Windows 7では、[IMEパッド]ボタン(🖼)をクリックして操作しましょう。

❶言語バーのボタンを右クリック　　❷[IMEパッド]をクリック

手書きや総画数、部首などから漢字を検索できる

❸[総画数]をクリック　　ここをクリックして画数ごとに目的の漢字を探せる

HINT! [〜]キーを押しても「〜」を入力できる

手順6では「から」と入力して変換し、「〜」を入力していますが、キーボード右上の[〜]キーを押しても「〜」を入力できます。

7 時間を入力する

「〜」に続けて半角で「17:00」と入力する

❶ [半角/全角] キーを押す

入力モードが [半角英数] に切り替わった

❷ [1][7][:][0][0] キーを続けて押す

半角で「17:00」と入力できた

入力モードを元に戻す　❸ [半角/全角] キーを押す

入力モードが [ひらがな] に切り替わった

8 ほかの項目を入力する

続けて、ほかの項目にも以下の文章を入力

```
集合場所□秋葉研修センター
教材□当日配布
内容□パソコンセミナー
```

HINT! 一覧を表示して記号を入力するには

変換を利用して記号を入力するのとは別に、[挿入] タブの [記号と特殊文字] ボタンをクリックして記号を挿入する方法もあります。以下のように操作すれば、一覧から記号を選択できます。

❶ [挿入] タブをクリック

❷ [記号と特殊文字] をクリック

❸ [記号と特殊文字] をクリック

一覧から記号を入力できる

Point 記号を組み合わせて読みやすくする

曜日や時間などの情報は、文章としてそのまま入力するよりも、記号を組み合わせて入力した方が読みやすくなります。また、曜日や時間以外にも記号を使った文章は、文面にメリハリが付けやすいので、要点や特徴などを明確にしたいときに使うと便利です。
Wordには、「()」（かっこ）や「:」（コロン）、「〜」（チルダ）などのキーボードから直接入力できる記号のほかにも、「★」「♪」「〒」「≠」など、さまざまな種類の記号が用意されています。こうした記号は、読みで変換して入力できるので試してみてください。

レッスン 18

文書を保存するには

名前を付けて保存

必要な文章を入力したら、名前を付けて保存します。保存は、文書をパソコンなどに保管する機能です。保存しておかないと、せっかく作った文書が失われてしまいます。

1 [名前を付けて保存] ダイアログボックスを表示する

作業が終了したので、ここまで作成した文書をファイルに保存する

❶ [ファイル] タブをクリック

[情報] の画面が表示された

❷ [名前を付けて保存] をクリック

❸ [このPC] をクリック

❹ [参照] をクリック

▶ キーワード

アイコン	p.300
上書き保存	p.301
名前を付けて保存	p.306
フォルダー	p.307
文書	p.308
保存	p.308

レッスンで使う練習用ファイル
名前を付けて保存.docx

ショートカットキー

Ctrl + S ……… 上書き保存

「このPC」って何？

「このPC」とは、Wordを利用しているパソコンを意味しています。「このPC」を選ぶと、パソコンの中にあるドライブに文書を保存します。ちなみに、上にあるOneDriveは、第10章で解説するクラウドに文書を保存したいときに選びます。

間違った場合は？

手順2で、[デスクトップ] や [ピクチャ] を選んでしまったときは、[ドキュメント] を選び直します。

テクニック 保存方法の違いをマスターしよう

文書を保存する方法には、[名前を付けて保存] と [上書き保存] の2種類があります。[名前を付けて保存] は、作成している文書に任意の名前を付けて、新しい文書として保存します。既存の文書を編集した後で [名前を付けて保存] を実行すれば、元の文書は残したままで、もう1つ別の文書を新たに保存できます。

もう一方の [上書き保存] は、編集中の文書を更新して同じ名前のまま保存します。[上書き保存] を実行すると、名前はそのままで文書の内容が新しい内容に入れ替わります。文書を更新したいときには [上書き保存] を、元の文書を残したままで新しい文書を作りたいときには [名前を付けて保存] を使い分けると便利です。

② 文書を保存する

[名前を付けて保存] ダイアログボックスが表示された

❶ [ドキュメント] をクリック

Windows 7では、スクロールバーをドラッグして [ライブラリ] の [ドキュメント] をクリックする

❷ [ファイル名] に「パソコン教室案内」と入力

[ファイルの種類] をクリックすれば、保存するファイル形式を変更できる

❸ [保存] をクリック

③ 文書が保存された

作成した文書が、ファイルとして保存された

手順2で入力したファイル名が表示される

レッスン❷を参考にWordを終了しておく

HINT! [ドキュメント] フォルダーって何?

Windowsには、保存するファイルの種類に合わせて、[ドキュメント] や [ピクチャ] [ビデオ] [ミュージック] などのフォルダーがあらかじめ用意されています。それぞれのフォルダーは、保存されたファイルを効率よく閲覧できるように工夫されています。
Wordの文書をパソコン内に保存するとき、[名前を付けて保存] ダイアログボックスで [ドキュメント] をクリックしておけば、後から文書を探すときにも、[ドキュメント] フォルダーを検索すればいいので便利です。

HINT! ファイル名に使えない文字がある

ファイル名に使える文字は、日本語や英数字です。ただし、以下の半角英数記号は文書名に使えません。

記号	読み
/	スラッシュ
＞＜	不等記号
?	クエスチョン
:	コロン
"	ダブルクォーテーション
¥	円マーク
*	アスタリスク

Point

分かりやすい名前で保存しよう

作った文書に名前を付けてフォルダーに保存すると、フォルダーの中にWord文書のアイコンが新しく作られます。保存を実行すればWordを終了しても、パソコンの電源を切っても、データが失われることはありません。再びWordを使って文書を開けば、保存したときの内容が表示されます。また、文書のアイコンには、保存するときに付けた名前が表示されます。「文書の数が増えて、目的の文書がどれか分からなくなった」ということがないように分かりやすい名前を付けておきましょう。

この章のまとめ

●文書作りの基本は入力から

文書作りの基本は、キーボードから文字を入力することです。入力できる文字には、ひらがなをはじめとして、漢字やカタカナ、英字や数字に記号など、さまざまな種類があります。これらの文字は、入力モードを切り替えてから、対応する文字キーを押して、編集画面に入力します。

また、漢字の入力では、読みをはじめに入力し、space キーで変換候補を選んで Enter キーで確定します。一度変換した漢字も、キーボードにある 変換 キーを押して再変換できます。こうして作成した文書は、名前を付けて保存しておくことにより、何度でも繰り返し使えるようになります。

さまざまな文字の入力
ひらがな、漢字、カタカナ、アルファベット、数字、記号などを入力できる

練習問題

1

Wordを起動して、以下の文章を入力してみましょう。

```
日時　10月18日（日）9時から
場所　渋谷DEFホール
```

●ヒント　英字を入力するには入力モードを切り替えます。

> ここでは入力モードを[半角英数]に切り替えて、「10」や「18」「9」を入力する

日時　10月18日（日）9時から
場所　渋谷DEFホール

> 大文字のアルファベットを入力するときは、入力モードを[半角英数]に切り替えて Shift キーを利用する

2

練習問題1で作成した文書に「イベント情報」という名前を付けて保存してください。

●ヒント　Wordで文書を保存するには、[名前を付けて保存]ダイアログボックスで保存先を参照します。ここでは[ドキュメント]フォルダーに文書を保存するので、[名前を付けて保存]ダイアログボックスで[ドキュメント]をクリックします。

作成した文書に名前を付けて保存する

答えは次のページ

解答

1

❶「にちじ」と入力し、spaceキーを押して「日時」に変換　❷Enterキーを押して確定

日時

❸spaceキーを押して空白を挿入

❹[半角/全角]キーを押す

❺「10」と入力　半角数字が入力された

日時　10

❻[半角/全角]キーを押す

❼「がつ」と入力し、spaceキーを押して「月」に変換　❽Enterキーを押して確定

日時　10月18日（日）9時から

❾操作4～6を参考に入力モードを切り替えながら「18日（日）　9時から」と入力　❿Enterキーを押して改行を挿入

「(」はShiftキーを押しながら8キーを押して入力する　「)」はShiftキーを押しながら9キーを押して入力する

入力モードを確認して、文章を入力します。半角数字や英語を入力するときは、入力モードを［半角英数］に切り替えます。

⓫「場所」と入力　⓬spaceキーを押して空白を挿入

日時　10月18日（日）9時から
場所　渋谷

⓭「渋谷」と入力

⓮[半角/全角]キーを押す

日時　10月18日（日）9時から
場所　渋谷DEF

⓯「DEF」と入力　大文字のアルファベットはShiftキーを押しながら各キーを押す

⓰[半角/全角]キーを押す

日時　10月18日（日）9時から
場所　渋谷DEFホール

⓱「ほーる」と入力し、spaceキーを押して「ホール」に変換　⓲Enterキーを押して確定

2

［名前を付けて保存］ダイアログボックスを表示する

❶［ファイル］タブをクリック　❷［名前を付けて保存］をクリック

❸［このPC］をクリック　❹［参照］をクリック

新しく作成した文書を保存するときは、［ファイル］タブをクリックしてから［名前を付けて保存］を選択します。保存場所には［ドキュメント］フォルダーを指定します。

❺［ドキュメント］をクリック　❻［イベント情報］と入力

❼［保存］をクリック

第3章 見栄えのする文書を作成する

この章では、第2章で作成した文書を使って、Wordの装飾機能を学んでいきます。Wordの装飾機能を使って、文字の大きさや配置を変えることで、より読みやすく、メリハリのある文書が作れます。

●この章の内容
- ⑲ 文書の体裁を整えて印刷しよう ……………84
- ⑳ 保存した文書を開くには ……………………86
- ㉑ 文字を左右中央や行末に配置するには ……88
- ㉒ 文字を大きくするには ………………………90
- ㉓ 文字のデザインを変えるには ………………92
- ㉔ 文字の種類を変えるには ……………………94
- ㉕ 箇条書き項目の文頭をそろえるには ………96
- ㉖ 段落を字下げするには ………………………98
- ㉗ 文書に図形を挿入するには ………………100
- ㉘ 文書を上書き保存するには ………………106
- ㉙ 文書を印刷するには ………………………108

レッスン 19

文書の体裁を整えて印刷しよう

文書の装飾と印刷

文書には、題名や相手の名前など、優先的に見てもらいたい項目があります。そうした文字に装飾を付けると、文書全体にメリハリが付き、読みやすくなります。

書式や配置の変更

Wordに用意されている文字の装飾を使うと、文字を大きくしたり、下線を付けたり、配置を変えたりできます。装飾や配置を変えることで、文書の中で伝えたい内容が目立つようになります。また、題名を大きくする、あて名に下線を付ける、自社名を右側に寄せるなど、一般的なビジネス文書の体裁も、Wordの機能ですべて設定できます。さらに、作図でイラストなどを描けば、読む人の興味や理解を促進できます。

▶キーワード

印刷	p.301
クイックアクセスツールバー	p.302
書式	p.303
図形	p.304
表示モード	p.307
文字列の折り返し	p.308
元に戻す	p.309

第3章 見栄えのする文書を作成する

文書の印刷

編集機能で体裁を整えたら、プリンターを使って紙に印刷しましょう。紙に印刷すれば、パソコンがなくても作った文書をほかの人に見てもらえます。

体裁を整えた文書を印刷する

文書を印刷する
→レッスン㉙

HINT! 表示モードを確かめておこう

本章のレッスンでは、Wordの[印刷レイアウト]という表示モードで作業を行います。レッスンを開始する前に、表示モードを確かめておきましょう。

[印刷レイアウト]にマウスポインターを合わせる

表示モードがポップヒントで表示された

HINT! 操作結果を取り消して元に戻すには

クイックアクセスツールバーにある[元に戻す]ボタン()をクリックすると、直前の操作をやり直せます。手順を間違って、意図しない装飾をしてしまったり、必要な文字などを削除してしまったりしたときには、[元に戻す]ボタン()をクリックしましょう。ただし、文書の保存直後は取り消せる操作がないので、操作のやり直しができません。

1つ前の操作に戻したい

[元に戻す]をクリック

戻し過ぎてしまったときは、[やり直し]をクリックする

文書の装飾と印刷

レッスン 20

保存した文書を開くには

ドキュメント

第2章で保存した文書をWordで開きましょう。文書を開く方法はいくつかありますが、このレッスンでは［エクスプローラー］を利用する方法を解説します。

1 ファイルの保存場所を開く

エクスプローラーを起動して、フォルダーウィンドウを表示する

❶［エクスプローラー］をクリック

❷［PC］をクリック　❸［ドキュメント］をダブルクリック

Windows 8.1では［PC］、Windows 7では［ライブラリ］の［ドキュメント］を選択する

▶キーワード

検索	p.303
最近使った文書	p.303
履歴	p.309

レッスンで使う練習用ファイル
ドキュメント.docx

ショートカットキー

 ／ Ctrl + Esc
……［スタート］メニューの表示
 + E ……エクスプローラーの起動
 + F ……ファイルの検索

⚠ 間違った場合は？

手順1で、［ドキュメント］以外をダブルクリックしてしまったときは、フォルダーウィンドウ左上にある［戻る］ボタン（←）をクリックして、［ドキュメント］をクリックし直しましょう。

テクニック　タスクバーからファイルを検索してみよう

Windows 10のタスクバーにある検索ボックスを使ってWordを起動する方法については、レッスン❷のHINT!で解説していますが、同様の操作でエクスプローラーを開かなくてもファイルを探し出せます。以下の手順のように、探したい文書名の一部を入力するだけで、該当するファイルの一覧が表示されるので、マウスでクリックしてファイルを開きましょう。なお、検索ボックスからWindows 10の設定項目などを開くこともできます。

❶検索ボックスをクリック

❷「パソコン教室」と入力　❸開きたいファイルをクリック

❷ ファイルを開く

ここでは第2章で保存した文書を開く

[ドキュメント]が表示された

ファイルをダブルクリック

❸ 目的の文書が開いた

Wordが起動し、文書が開いた

Wordを起動してから文書を開くには

Wordの起動後に文書を開くには、Wordのスタート画面から操作します。[他の文書を開く]をクリックして表示された画面で[このPC]、続いて[参照]をクリックして[ファイルを開く]ダイアログボックスで文書を選択します。なお、スタート画面左側にある[最近使ったファイル]に過去に利用したファイルが自動で表示されます。ファイル名をクリックして文書を開いてもいいでしょう。

最近使った文書は履歴に残る

Wordの起動後に[ファイル]タブから[開く]-[最近使ったアイテム]をクリックすれば、編集した文書の履歴が一覧で表示されます。

❶[ファイル]タブをクリック

❷[開く]をクリック　❸[最近使ったアイテム]をクリック

ここに最近使った文書が表示される

Point

保存した文書は何度でも開いて編集できる

フォルダーに保存した文書は、Wordで開いて何度でも編集できます。編集した文書を保存するときに、新しい名前を付けて保存すれば、元の文書を残したまま、新しい文書を保存できます。「保存」と「開く」を上手に活用すれば、少ない手間で新しい文書を作れるようになります。Wordは10分ごとに回復用データを自動的に保存しますが、編集中の文書を確実に保存するには、レッスン㉓を参考に作業の合間に上書き保存を実行しましょう。

レッスン 21 文字を左右中央や行末に配置するには

文字の配置

ビジネス文書では、日付や社名などを右端に表記します。文字を右端や中央に配置するときは、空白を入力するのではなく、配置を変更する機能を使いましょう。

1 行を指定する

ここでは練習用ファイルの[文字の配置.docx]を開いて操作を進める

日付を右端に配置する

配置を変更する行にカーソルを移動する

ここをクリックしてカーソルを表示

▶キーワード

カーソル	p.301
行	p.302
マウスポインター	p.308
余白	p.309
両端揃え	p.309

レッスンで使う練習用ファイル
文字の配置.docx

ショートカットキー

Ctrl + E …… 中央揃え
Ctrl + J …… 両端揃え
Ctrl + R …… 右揃え

2 配置を変更する

カーソルがある行の文字を右端に配置する

❶[ホーム]タブをクリック

❷[右揃え]をクリック

HINT! 文字の配置は標準で[両端揃え]に設定されている

Wordの標準の設定では文字が[両端揃え]の設定になっています。この設定では、文字が左側に配置されます。数文字では[左揃え]と[両端揃え]の違いが分かりにくいですが、[両端揃え]で改行せずに1ページの文字数以上の文字を入力しようとすると、余白以外の幅ぴったりに文字が配置されます。行の配置設定を元に戻すときは、配置を変更する行にカーソルを移動し、[ホーム]タブにある[両端揃え]ボタン(≡)をクリックしましょう。

3 複数の行を指定する

日付が右端に配置された

会社名とメールアドレスの文字を右端に配置する

配置を変更する行をまとめて選択する

❶ここにマウスポインターを合わせる

マウスポインターの形が変わった

❷ここまでドラッグ

選択した行が反転した

⚠ 間違った場合は?

違うボタンをクリックして思い通りに文字が配置されなかったときは、再度正しいボタンをクリックして配置をやり直しましょう。

④ 複数行の配置を変更する

選択した行の文字を右端に配置する

[右揃え]をクリック

HINT! 文字の配置を決めてから入力するには

あらかじめ文字を中央や右に配置したいときは、配置したい位置でマウスをダブルクリックします。編集画面で文章の中央や右端にマウスポインターを移動すると、マウスポインターの形が変わります。この状態でダブルクリックすると、カーソルが移動すると同時に、配置も変更されます。

ここでは日付の行の右端にカーソルを移動する

❶日付の行をクリック　❷日付の行の右端にマウスポインターを移動

マウスポインターの形が変わった　❸ここをダブルクリック

日付の行の右端に文字を入力できる

⑤ 行を指定する

会社名とメールアドレスの文字がまとめて右に配置された

続けて、「ご案内」の文字を中央に配置する

ここをクリックしてカーソルを表示

⑥ 配置を変更する

カーソルがある行の文字を中央に配置する

❶[ホーム]タブをクリック　❷[中央揃え]をクリック

⑦ 文字の配置が変更された

「ご案内」の文字が中央に配置された

Point ボタン1つで文字の配置を変更できる

[ホーム]タブにある文字をそろえる機能を使うと、空白などを挿入せずに、文字を中央や右端に配置できます。文字ぞろえの設定では、左右の端は文書に設定されている余白を基準にしています。余白は、編集画面の上下左右にある空白部分です。余白の大きさは、自由に変更できますが、余白が変更されても、文字ぞろえを設定した行は、自動的に左右の幅を計算して、正しい位置に文字を配置します。そのため、行ごとに設定する文字の配置は、空白などを挿入して調節せずに、文字ぞろえの機能を使うようにしましょう。

レッスン 22

文字を大きくするには

フォントサイズ

文書の中で強調して見せたい文字は、フォントサイズを大きくすると目立ちます。あて名や題名のフォントサイズを変更して、文字を大きくしてみましょう。

1 文字を選択する

あて名のフォントサイズを変更する

サイズを変更する文字をドラッグで選択する

❶ ここにマウスポインターを合わせる

❷ ここまでドラッグ

文字が選択される

▶キーワード

フォント	p.307
フォントサイズ	p.307
ポイント	p.308
リアルタイムプレビュー	p.309

 レッスンで使う練習用ファイル
フォントサイズ.docx

ショートカットキー

`Ctrl` + `]`
……文字を1ポイント大きくする

`Ctrl` + `[`
……文字を1ポイント小さくする

`Ctrl` + `Shift` + `F` / `P`
……［フォント］ダイアログボックスの表示

第3章 見栄えのする文書を作成する

テクニック　ミニツールバーで素早く操作しよう

文字を選択したときや右クリックしたときに、ミニツールバーが表示されます。ミニツールバーには、次に操作できる機能がまとめられているので、タブをいちいち［ホーム］タブに切り替えずに、素早く書式を変更できます。ミニツールバーでは、このレッスンで解説するフォントサイズのほか、フォントの種類や文字の装飾などを設定できます。ミニツールバーは、マウスの移動やほかの操作をすると消えてしまいます。ミニツールバーを再度表示するには、文字を選択し直すか、目的の文字がある行にカーソルが表示されている状態で右クリックしましょう。

文字の選択や右クリックで、ミニツールバーが表示される

フォントや装飾に関する操作ができる

❶ 文字をドラッグして選択

ミニツールバーが表示された

◆ミニツールバー

❷ ［フォントサイズ］のここをクリック

❸ フォントサイズを選択

フォントサイズにマウスポインターを合わせると、一時的に文字の大きさが変わり、設定後の状態を確認できる

❷ 文字を大きくする

選択した文字を大きくする

❶ [ホーム] タブをクリック
❷ [フォントサイズ] のここをクリック
[フォントサイズ] の一覧が表示された

❸ [16] をクリック

フォントサイズにマウスポインターを合わせると、一時的に文字の大きさが変わり、設定後の状態を確認できる

❸ 文字の選択を解除する

文字が大きくなった
文字の選択を解除する
ここをクリック

❹ ほかの文字を大きくする

文字の選択が解除された

手順1、2を参考にして「ご案内」のフォントサイズを[16]に設定

---

22 フォントサイズ

HINT! 一覧にマウスポインターを合わせるだけでイメージが分かる

手順2でフォントサイズにマウスポインターを合わせると、「リアルタイムプレビュー」という機能によって、編集画面にある文字が選んだフォントサイズと同じ大きさで一時的に表示されます。フォントサイズのイメージが分からないときは、画面を見ながらフォントサイズを設定するといいでしょう。

⚠ 間違った場合は?

手順2で間違ったフォントサイズを選んでしまったときは、同様の手順で正しい数字を選び直しましょう。

HINT! ボタンのクリックで文字の拡大や縮小ができる

[ホーム] タブにある [フォントサイズの拡大] ボタン () や [フォントサイズの縮小] ボタン () をクリックすると、段階ごとにフォントサイズを変更できます。少しずつサイズを調整したいときに便利です。

Point

文字の大きさは「ポイント」で指定する

Wordでは、文字の大きさを「ポイント」という数値で指定します。編集画面に入力される文字は、標準で10.5ポイントという大きさです。文字を大きくしたいときは、ポイント数を大きくしましょう。10.5ポイントを基準とすると、16ポイントは約1.5倍、24ポイントは約4倍の大きさになります。Wordで指定できるポイント数は、「1」から「1638」までです。強調する文字の大きさに合わせて、最適なポイント数を指定しましょう。ただし、ポイントの数値が大き過ぎると、文字が用紙に印刷しきれなくなることもあります。

レッスン 23

文字のデザインを変えるには

下線、太字

文字を目立たせるには、フォントサイズの変更のほか、下線を付けたり太字にしたりするといいでしょう。ここでは、下線と太字の装飾であて名を目立たせます。

1 文字を選択する

- あて名に下線を引く
- 下線を引く文字を行単位で選択する
- ❶ここにマウスポインターを合わせる
- マウスポインターの形が変わった
- ❷そのままクリック

2 下線を引く

- 1行が選択され、文字が反転して色が変わった
- 選択した文字に下線を引く
- ❶[ホーム]タブをクリック
- ❷[下線]をクリック

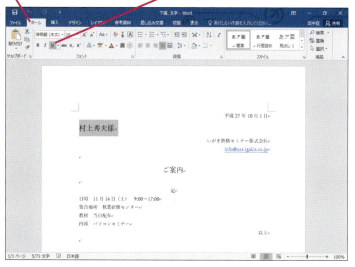

▶キーワード

下線	p.301
太字	p.308
マウスポインター	p.308

レッスンで使う練習用ファイル
下線、太字.docx

ショートカットキー

Ctrl + B ……… 太字
Ctrl + I ……… 斜体
Ctrl + U ……… 下線

HINT! 1行をまとめて選択できる

手順1のように左余白の行頭にマウスポインターを移動すると、マウスポインターの形が に変わります。この状態でクリックすると、1行をまとめて選択できます。

HINT! 複数の装飾を実行できる

[ホーム]タブにある文字を装飾する機能は、下線や太字のほかにも、[斜体]ボタン（ ）や[文字の網かけ]ボタン（ ）など、数多く用意されています。ボタンをクリックすれば、1つの文字に複数の装飾をまとめて指定できます。なお、再度ボタンをクリックすると、装飾が解除されてボタンの色が元に戻ります。

◆斜体　◆文字の網かけ

③ 文字に下線が引かれた

- 文字に下線が引かれた
- 続けてあて名を太字にするので選択は解除しない

④ 太字にする

❶ 文字が選択されていることを確認

❷ ［太字］をクリック

⑤ 文字が太くなった

- 選択した文字が太くなった
- ここをクリックして文字の選択を解除しておく

 文字の色を変更するには

文字の色は、［ホーム］タブの［フォントの色］ボタンで設定します。［フォントの色］ボタンをクリックすると、Wordの起動中に最後に設定した色が文字に適用されます。▼をクリックすると、色の一覧が表示され、そこから好きな色を選択できます。▼をクリックすると［テーマの色］と［標準の色］が表示されますが、テーマに合わせて文字の色を変更したくないときは［標準の色］、テーマの変更に合わせて文字の色も変更したいときは［テーマの色］にある色を選択しましょう。テーマとは、文書全体の装飾を変更できる機能です。詳しくは、221ページのHINT!を参照してください。

- この状態で［フォントの色］をクリックすると、文字が赤くなる

- ［フォントの色］のここをクリックすると、色の一覧が表示される

 間違った場合は？

間違えて違うボタンをクリックしてしまったときは、目的のボタンをもう一度クリックし直しましょう。

Point
文字や行を選択して装飾の設定や解除を行う

文字の装飾は、はじめに文字や対象の行を選択して、設定する装飾の機能を［ホーム］タブから選びます。選択を解除するまでは複数の装飾をまとめて設定できます。文字を装飾したいと思ったときは、まずは対象となる文字か行を選択しましょう。また、設定した装飾を解除するには、文字や行を選択して、すでに設定されている装飾のボタンをもう一度クリックします。

レッスン 24

文字の種類を変えるには

フォント

文字の装飾の1つに、フォントの種類を変更して書体を変える方法があります。書体を変えて文字を強調したり、反対に目立たせなくすることもできます。

1 文字を選択する

会社名の文字の種類を変えて、目立たせる

フォントを変える文字をドラッグで選択する

❶ここにマウスポインターを合わせる

❷ここまでドラッグ

▶キーワード

全角	p.304
ダイアログボックス	p.304
半角	p.306
フォント	p.307
マウスポインター	p.308

 レッスンで使う練習用ファイル
フォント.docx

 ショートカットキー

Ctrl + Shift + F ／ P
……［フォント］ダイアログボックスの表示

英文と和文のフォントがある

フォントには、英文専用のものと和文用のものがあります。英文専用のフォントは半角英数字にのみ有効で、日本語には設定できません。和文用のフォントは、全角にも半角にも有効です。

テクニック ［フォント］ダイアログボックスで詳細に設定する

レッスン㉒〜㉔では、フォントの設定を行っていますが、フォントに関する設定項目はほかにもいろいろあります。以下の手順で操作すると、［フォント］ダイアログボックスが表示されます。二重取り消し線や傍点など、リボンから設定できない項目もあるので試してみてください。

❶［ホーム］タブをクリック

❷［フォント］のここをクリック

［フォント］ダイアログボックスが表示された

フォントに関するさまざまな設定ができる

❷ 文字の種類を変更する

選択した文字の種類を変更する

❶ [ホーム]タブをクリック
❷ [フォント]のここをクリック
[フォント]の一覧が表示された

❸ [游ゴシックLight]をクリック

フォントにマウスポインターを合わせると、一時的に文字の種類が変わり、設定後の状態を確認できる

❸ 文字の種類が変更された

会社名の文字が游ゴシックLightになった

ここをクリックして選択を解除しておく

設定されているフォントを確認するには

設定したフォントの種類を確認するには、文字をドラッグして選択するか文字をクリックしましょう。[ホーム]タブの[フォント]に設定されているフォント名が表示されます。

フォントを確認する文字をクリック

カーソル位置のフォント名が表示される

間違った場合は？

手順2で間違ったフォントを選んでしまったときは、もう一度手順1から操作をやり直して正しいフォントを選びましょう。

Point
「フォント」を変えると文書の印象が変わる

本や雑誌などの印刷物では、文字のデザインを変えて、紙面にメリハリを出しています。この文字のデザインのことを「書体」といい、Wordでは「フォント」と呼びます。Wordでは、[ホーム]タブの[フォント]の一覧から、文字の書体を変更できます。通常の文章では、「游明朝」を使います。タイトルや小さな文字には、文字が角張っている「游ゴシックLight」を使います。そのほかにも、和文用のフォントが何種類か用意されています。フォントで文字の印象を変えて、文書にメリハリを付けましょう。

レッスン 25

箇条書き項目の文頭をそろえるには

箇条書き、タブ

段落の中で文字数が異なる項目の左端をそろえるには、タブを利用するといいでしょう。Tabキーを押すだけで簡単に空白を挿入でき、項目が見やすくなります。

1 行を箇条書きに変更する

- 箇条書きに変更する行をドラッグで選択する
- ❶ここにマウスポインターを合わせる
- マウスポインターの形が変わった

```
記
日時　11月14日（土）　9:00～17:00
集合場所　秋葉研修センター
教材　当日配布
内容　パソコンセミナー
```

- ❷ここまでドラッグ
- 行を選択できた
- ❸[ホーム]タブをクリック
- ❹[箇条書き]をクリック

2 箇条書きに変更できた

- 選択した行に箇条書きの書式が設定された
- 文字間の空白をタブに置き換える

```
記
● 日時　11月14日（土）　9:00～17:00
● 集合場所　秋葉研修センター
● 教材　当日配布
● 内容　パソコンセミナー
```

▶ **キーワード**

ダイアログボックス	p.304
タブ	p.305
段落	p.305
ポイント	p.308

📄 **レッスンで使う練習用ファイル**
箇条書き、タブ.docx

💡 **HINT!**
タブの位置がそろわないときは

タブを挿入する左の文字が4文字以下の場合は、以下の例のようにタブの位置がそろわないことがあります。その場合はTabキーをもう1回押して配置をそろえましょう。なお、このレッスンのように段落に箇条書きを設定している場合は、「教材」という文字が4文字以下に見なされません。

❶ここをクリック

```
集合場所　　　秋葉研修センター
教材当日配布
```

❷Tabキーを押す

```
集合場所　　　秋葉研修センター
教材　　当日配布
```

❸もう一度Tabキーを押す

```
集合場所　　　秋葉研修センター
教材　　　　　当日配布
```

表示位置がそろった

⚠️ **間違った場合は？**

タブを多く挿入し過ぎてしまったときは、Backspaceキーを押して不要なタブを削除します。

第3章　見栄えのする文書を作成する

③ 余計な空白を削除する

空白を削除して、代わりにタブを挿入する

❶ここをクリック　❷Deleteキーを押す　Deleteキーを押すと、カーソルの右側にある文字が削除される

```
                    記
● 日時 11月14日（土）　9:00～17:00
● 集合場所　秋葉研修センター
● 教材　当日配布
```

④ タブを挿入する

空白が削除された　カーソルの位置にタブを挿入する　Tabキーを押す

```
                    記
● 日時　　　11月14日（土）　9:00～17:00
● 集合場所　秋葉研修センター
● 教材　当日配布
```

⑤ 2つ目の項目にタブを挿入する

1つ目の項目にタブが挿入された　2つ目の項目にも1つ目と同様にタブを挿入する

```
                    記
● 日時　　　11月14日（土）　9:00～17:00
● 集合場所　秋葉研修センター
● 教材　当日配布
```

2つ目の項目の空白を削除する　❶ここをクリック　❷Deleteキーを押す

空白が削除された　❸Tabキーを押す

```
                    記
● 日時　　　11月14日（土）　9:00～17:00
● 集合場所秋葉研修センター
● 教材　当日配布
```

⑥ 2つ目の項目にタブが挿入された

2つ目の項目にタブが挿入された　上の項目と表示位置がそろった

```
                    記
● 日時　　　11月14日（土）　9:00～17:00
● 集合場所　秋葉研修センター
● 教材　当日配布
● 内容　パソコンセミナー
```

手順4～5を参考に、3つ目と4つ目の項目にタブを挿入しておく

HINT! Tabキーはどこにあるの？

タブを挿入するのに使うTabキーは、キーボードの以下の位置にあります。覚えておきましょう。

◆ Tabキー

HINT! タブの間隔は決まっているの？

標準の設定では、1つのタブは4文字分の空白文字と同じ長さです。タブの間隔は、レッスン㉟で解説する［タブとリーダー］ダイアログボックスにある［既定値］の値によって決められています。

Point タブを使えば確実に文字の左端がそろう

タブは、Tabキーで挿入できる特殊な空白です。spaceキーで入力する空白とは違い、文書の端から一定の幅となる空白を確実に挿入できます。タブで挿入される空白は、通常なら標準の文字サイズ（10.5ポイント）の4文字分になりますが、カーソルの左にある文字数によって間隔が変わります。
spaceキーで空白を入力して位置をそろえると、文字の大きさを変更したときに、左端がきれいにそろわなくなります。それに対して、タブを入力して位置をそろえた場合には、確実に文字の左端がそろうようになるので、見ためが整ってきれいです。

25 箇条書き、タブ

レッスン 26

段落を字下げするには

ルーラー、インデント

文字を行単位で右側に寄せるときには、「左インデント」を使うと便利です。左インデントは、右ぞろえやタブとは違い、行や段落を任意の位置に設定できます。

1 ルーラーを表示する

- 文字の位置を確かめるための目盛りを表示する
- スクロールバーを下にドラッグしておく
- ❶[表示]タブをクリック
- ❷[ルーラー]をクリックしてチェックマークを付ける
- この段落を字下げして、右端に移動する

▶キーワード

インデント	p.301
段落	p.305
ルーラー	p.309

📄 レッスンで使う練習用ファイル
ルーラー、インデント.docx

💡 **HINT!** ルーラーを表示しておくと便利

「ルーラー」とは、文字の位置を確かめるための目盛りです。ルーラーを表示すると、左右のインデントの位置を確認できるほか、字下げの設定や文字数の目安を確かめられます。

2 字下げをする行を選択する

- ルーラーが表示された
- ❶ここにマウスポインターを合わせる
- マウスポインターの形が変わった
- ❷ここまでドラッグ
- 複数の行が選択された

💡 **HINT!** 段落は改行の段落記号で区切られている

Wordの「段落」とは、改行で区切られた連続した文字の集まりのことです。行の先頭から改行によって区切られるまでの文字の集まりを段落と呼びます。

Wordの段落は、改行の段落記号で区切られている

◆改行の段落記号

第3章 見栄えのする文書を作成する

❸ 字下げの位置を設定する

❶ [左インデント] と表示されるところにマウスポインターを合わせる

❷ [24] の左側までドラッグ

字下げの位置が点線で表示される

❹ 段落が字下げされた

選択した段落が字下げされ、右端に移動した

ここをクリックして選択を解除しておく

[ルーラー] をクリックしてチェックマークをはずし、ルーラーを非表示にしておく

インデントの位置で文字がきれいに折り返される

先頭に空白を入れても文字の左端を移動できますが、インデントを使えば2行目以降も同じ位置に字下げされるようになります。改行だけではなく、文字が右端まで入力されて折り返された場合にも、インデントの位置で文字が字下げされます。

左インデントから余白までの範囲に収まらない文字は、次の行に折り返される

間違った場合は？

手順3で [ぶら下げインデント]（）をドラッグしてしまったときは、クイックアクセスツールバーの [元に戻す] ボタン（ ）をクリックして、操作をやり直します。

Point

左インデントは文字の左端を変える

編集画面に文字を入力したときに、その左端と右端の折り返し位置は、左右のインデントによって決められています。通常の編集画面では、用紙の左右余白と左右のインデントは、同じ位置に設定されています。従って、左インデントの位置を右に移動すると、文字の左端の位置が変わり、結果として文字が右に寄せられます。インデントによる字下げは、行や段落に対して行われます。そのため、レッスン㉑で紹介した [右揃え] ボタン（ ）を使った右ぞろえとは違い、折り返された次の行の開始位置がきちんと整列した状態になるので、複数の行にわたる字下げが可能になります。

レッスン 27

文書に図形を挿入するには

図形

あらかじめ用意されている基本の図形を組み合わせるだけで、実用的なイラストを作画できます。四角形を組み合わせてパソコンを作図してみましょう。

 このレッスンは動画で見られます　操作を動画でチェック！
※詳しくは25ページへ

▶キーワード

図形	p.304
スタイル	p.304
テーマ	p.305

レッスンで使う練習用ファイル
図形.docx

1 図形の挿入位置を設定する

ここでは、問い合わせ先の左に図形を挿入する

ここを下にドラッグしてスクロール

図形を挿入する場所を確認しておく

HINT! 作図の基本は図形の組み合わせ

図形には四角や円、三角など、あらかじめ基本的な形がいくつか用意されています。これらの図形を組み合わせていけば、レッスンのようなパソコンをはじめ、さまざまなイラストを描けるようになります。また、基本図形のほかにも、吹き出しやブロック矢印などを使って、文書の注目度や装飾性を高められます。

HINT! ドラッグで囲んだ範囲に図形が作図される

図形はマウスでドラッグした範囲に挿入されます。四角や円などの図形は、対角線上にドラッグした面積に合わせて描画されます。

HINT! Shift キーで正方形が描ける

図形をドラッグで描くときに、Shiftキーを押したままにしておくと、四角形ならば正方形が描けます。円のときには正円が、三角形ならば正三角形が描けます。

2 図形の一覧を表示する

ここでは、図形でパソコンを作図する

❶[挿入]タブをクリック　❷[図形]をクリック

⚠ 間違った場合は?

手順3で、挿入する図形を間違えたときは、手順2から操作して、[正方形/長方形]を選び直しましょう。

第3章　見栄えのする文書を作成する

③ 挿入する図形を選択する

パソコンの天板の枠を作画する

［正方形/長方形］をクリック

HINT! 挿入後の図形は常に同じ色になる

Wordで挿入する図形は、標準の設定で手順4のような青い色になります。図形の色や線は、手順6で設定している図形のスタイルを使うと、あらかじめ用意されている色や書式へ簡単に変更できます。

Wordでは、初期設定の[Office]というテーマによって、青い色の図形が挿入される

④ 図形の大きさを設定する

❶ ここにマウスポインターを合わせる

マウスポインターの形が変わった

❷ ここまでドラッグ

HINT! 図形の大きさを後から変更するには

一度描いた図形は、ハンドル（○）をマウスでドラッグすると、大きさを変えられます。また、図形の中にカーソルを重ねてマウスポインターが の形になったら、ドラッグで移動できます。

ここにマウスポインターを合わせる

ドラッグすれば図形の拡大や縮小ができる

次のページに続く

27 図形

できる 101

⑤ 図形が挿入された

ドラッグした範囲に長方形が挿入された

スタイルの一覧を表示する

❶ [描画ツール]の[書式]タブをクリック

❷ [図形のスタイル]の[その他]をクリック

⑥ 図形のスタイルを変更する

スタイルの一覧が表示された

[パステル - 黒、濃色1]をクリック

塗りつぶしや線の色をまとめて変更できる

手順6で表示されるスタイルは、図形の装飾をまとめて設定する機能です。図形の塗りつぶしの色やグラデーション、枠線の色、太さを、一度にまとめて変更できます。[テーマスタイル]にあるスタイルで図形を装飾すると、全体的に統一感のある配色になります。なお、テーマの詳細については、レッスン㊿で解説します。

[テーマスタイル]にあるスタイルは、テーマの変更で塗りつぶしの色や書式が自動で変わる

図形の色を個別に調整するには

図形の色と枠線は、[図形の塗りつぶし]ボタンと[図形の枠線]ボタンでも変更できます。手順6で設定した図形のスタイルによる変更とは違い、塗りつぶしや線の色の組み合わせを自由に選べます。

図形を選択してから[図形の塗りつぶし]をクリックすれば、好きな色に変更できる

 間違った場合は？

手順6で選択するスタイルを間違えてしまったときは、もう一度スタイルを開いて、正しいスタイルを選び直しましょう。

7 続けて角丸四角形を挿入する

選択したスタイルが図形に設定された

❶ [挿入] タブをクリック

パソコンのディスプレイを作図する

❷ [図形] をクリック

❸ [角丸四角形] をクリック

❹ ここにマウスポインターを合わせる

❺ ここまでドラッグ

 図形をきれいに並べるには

複数の図形を整然と並べたいときは、[オブジェクトの配置] の機能を使うと便利です。また、複数の図形があるとき、図形をドラッグで移動すると緑色のガイドが表示されます。ガイドに合わせてドラッグし、配置をそろえてもいいでしょう。

❶ Ctrl キーを押しながらクリックして複数の図形を選択

❷ [オブジェクトの配置] をクリック

❸ [上下中央揃え] をクリック

図形が横一直線に並んだ

 グリッド線を使うと図形の位置を決めやすくなる

上のHINT!で紹介した [オブジェクトの配置] ボタンの一覧にある [グリッド線の表示] をオンにすると、文書に方眼紙のようなグリッド線が表示されます。図形をあらかじめ正確な位置に並べたいときは、グリッド線を表示しておきましょう。また、[グリッドの設定] で線の間隔なども自由に指定できます。

次のページに続く

❽ 続けて図形のスタイルを変更する

手順5を参考にスタイルの一覧を表示しておく

[パステル - 青、アクセント1]をクリック

❾ 台形を挿入する

パソコンのキーボードを作図する

❶ [挿入] タブをクリック

❷ [図形] をクリック

❸ [台形] をクリック

❹ ここにマウスポインターを合わせる

❺ ここまでドラッグ

 図形の重なりを変更するには

後から描いた図形は、前に描いた図形の上に重なるように挿入されます。図形の重なり方を変更したいときは、前面や背面への移動を使って、希望する順序に整えましょう。前面を選ぶと、図形は上に重なります。

ここではオレンジの図形を青の図形の背面に移動する

❶ オレンジの図形をクリック

❷ [背面へ移動] をクリック

オレンジの図形が背面に移動した

「テクスチャ」って何?

手順10で設定するテクスチャは、図形の模様です。図形のスタイルでは、図形の色とグラデーションを設定できますが、テクスチャを使えば、木目や大理石、壁紙などの模様を表現できます。また、パターンを使うと規則的な模様を描けます。手順10で [図形の塗りつぶし] ボタンの左をクリックしてしまうと、[オレンジ、アクセント2] など、初期設定の色で図形が塗りつぶされてしまいます。クイックアクセスツールバーの [元に戻す] ボタン(↶)をクリックして、[図形の塗りつぶし] ボタンの中央をクリックしましょう。

⑩ 図形に模様を設定する

ドラッグした範囲に台形が挿入された

❶ [図形の塗りつぶし]をクリック

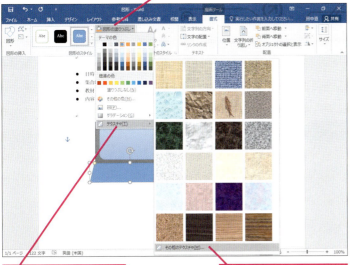

❷ [テクスチャ]にマウスポインターを合わせる

❸ [その他のテクスチャ]をクリック

⑪ 模様を選択する

[図形の書式設定]作業ウィンドウが表示された

❶ [塗りつぶしと線]をクリック

❷ [塗りつぶし(パターン)]をクリック

❸ [格子(点)]をクリック

図形に模様が設定された

[閉じる]をクリックして[図形の書式設定]作業ウィンドウを閉じておく

HINT! 図形は回転できる

図形の回転ハンドル（ ）をマウスでドラッグすると、自由に回転できます。回転するときに Shift キーを押したままにすると、15度ずつ回転できます。

HINT! 角丸を調整するには

角丸四角形では、黄色い調整ハンドル（ ）をドラッグすると、その曲線を調整できます。角丸四角形のほかにも、微調整ができる図形には調整ハンドルが表示されます。

調整ハンドルのドラッグで角丸の丸みを変更できる

⚠ 間違った場合は？

手順11で選択するパターンを間違えたときは、[図形の塗りつぶし]ボタンをクリックして設定をやり直します。

Point

図形を使って文書の見栄えや印象を強くする

文書の中にイラストなどが描かれていると、読み手の興味や注目度は高くなります。Wordでは、基本的な図形を組み合わせることで、実用的なイラストやマークなどを作図できます。レッスンで紹介したパソコンのほかにも、シンプルな形を組み合わせるだけで描けるイラストは数多くあります。例えば、円と三角形を縦に並べるだけで、人物のピクトグラムになります。駅や商業施設にあるマークやサインなどを参考にすると、シンプルで実用的なイラストが描けるようになるでしょう。

レッスン 28

文書を上書き保存するには

上書き保存

上書き保存を実行すると、編集中の文書が同じ名前で保存されます。万が一、Wordが動かなくなっても保存を実行しておけば文書が失われることがありません。

1 文書の内容を確認する

上書き保存していい文書かどうかを確認する

❶ ここを下にドラッグして上書き保存していい文書かどうかを確認

❷［ファイル］タブをクリック

変更した個所を上書きしたくない場合は、レッスン⓲を参考に文書に別の名前を付けて保存しておく

2 文書を上書き保存する

［情報］の画面が表示された

［上書き保存］をクリック

▶キーワード

上書き保存	p.301
クイックアクセスツールバー	p.302
名前を付けて保存	p.306
文書	p.308
保存	p.308

📄 レッスンで使う練習用ファイル
上書き保存.docx

 ショートカットキー

[Ctrl] + [S] ………… 上書き保存

 上書き保存すると古い文書は失われる

上書き保存すると、古い文書の内容は失われてしまいます。もしも、古い文書の内容を残しておきたいときは、上書き保存を実行せずに、レッスン⓲を参考にして、別の名前を付けて文書を保存するようにしましょう。

 クイックアクセスツールバーからでも実行できる

上書き保存を実行するボタンは、クイックアクセスツールバーにも用意されています。Wordの操作に慣れてきたら、［ファイル］タブから操作せず、クイックアクセスツールバーやショートカットキーを利用して保存を実行するといいでしょう。

クイックアクセスツールバーにある［上書き保存］をクリックしても上書き保存ができる

テクニック 終了した位置が保存される

Wordは、終了したときのカーソルの位置を記録していて、Microsoftアカウントでサインインしている場合は、次にその文書を開くと、同じカーソルの位置から編集や閲覧の再開をするか確認のポップアップメッセージが表示されます。ポップアップメッセージをクリックすると、保存時にカーソルがあった位置に自動的に移動します。

文書を開いたときに［再開］のポップアップメッセージが表示された

ポップアップメッセージをクリックすると、保存時にカーソルがあった位置が表示される

③ 上書き保存された

文書を上書き保存できた

間違った場合は？

手順2で［上書き保存］以外の項目を選んでしまったときは、あらためて［上書き保存］をクリックし直します。

Point

編集の途中でも上書き保存で文書を残す

Wordでは、パソコンなどにトラブルが発生して、編集中の文書が失われてしまうことがないように、10分ごとに回復用データを自動的に保存しています。何らかの原因でWordが応答しなくなってしまったときは、Wordの再起動後に回復用データの自動読み込みが実行されます。しかし、直前まで編集していた文書の内容が完全に復元されるとは限りません。一番確実なのは、文書に手を加えた後に自分で上書き保存を実行することです。上書き保存は、編集の途中でも実行できるので、気が付いたときにこまめに保存しておけば、文書の内容が失われる可能性が低くなります。

レッスン 29

文書を印刷するには

印刷

作成した文書は、パソコンに接続したプリンターを使えば、紙に印刷できます。[印刷]の画面で印刷結果や設定項目をよく確認してから印刷を実行しましょう。

1 [印刷]の画面を表示する

文書を印刷する前に、印刷結果をパソコンの画面上で確認する

❶ [ファイル]タブをクリック

[情報]の画面が表示された

❷ [印刷]をクリック

2 [印刷]の画面が表示された

[印刷]の画面に文書の印刷結果が表示された

ズームスライダーをドラッグするか、[拡大]や[縮小]をクリックして表示倍率を変更できる

▶キーワード

印刷	p.301
プリンター	p.308

レッスンで使う練習用ファイル
印刷.docx

 ショートカットキー

Ctrl + P ……[印刷]画面の表示

 文書を複数部印刷したいときは

[印刷]の画面で[印刷]ボタンの右にある[部数]に必要な部数を入力します。[設定]の項目で[部単位で印刷]を選択すれば、印刷後に複数の書類をページ順に直す手間が省けます。

 1枚の用紙に複数のページを割り付けて印刷するには

手順3で[1ページ/枚]の項目をクリックすると、用紙に何ページ分の文書を印刷するかを設定できます。1枚の用紙に複数のページを印刷できるほか、用紙サイズに合わせたレイアウトを設定できます。

ここをクリックして表示される一覧で、複数ページの割り付け設定ができる

 間違った場合は?

手順1で[印刷]以外を選んでしまったときは、もう一度正しくクリックし直しましょう。

③ 印刷の設定を確認する

❶印刷部数を確認
❷パソコンに接続したプリンターが表示されていることを確認

❸[すべてのページを印刷]が選択されていることを確認
❹[縦方向]が選択されていることを確認
❺[A4]が選択されていることを確認

④ 印刷を開始する

印刷の設定が完了したので、文書を印刷する
[印刷]をクリック

文書が印刷され、編集画面が表示される

印刷範囲を指定するには

複数ページの文書で、特定のページを印刷するには、手順3で［すべてのページを印刷］をクリックします。一覧から［ユーザー指定の範囲］をクリックすると、「2ページから4ページを印刷」もしくは「2ページと4ページを印刷」といった設定ができます。

❶［すべてのページを印刷］をクリック

❷［ユーザー指定の範囲］をクリック

❸印刷範囲を入力

「2-4」と入力すると、2～4ページを指定できる
「2,4」と入力すると、2ページ目と4ページ目のみを指定できる

Point

［印刷］の画面で印刷結果や設定項目を確認する

Wordで文書を印刷するときは、パソコンに接続しているプリンターを使って印刷を行います。印刷を開始する前に、印刷部数やページの範囲などを確認しておきましょう。また、何ページにもわたる文書も、［部単位で印刷］の項目で設定すれば、ページの順序がそろった状態で複数部の印刷ができます。パソコンにプリンターが接続されていなかったり、プリンターの電源が入っていなかったりすると、印刷できないので注意しましょう。

この章のまとめ

●見やすく「伝わる」文書を作ろう

文字に適切な装飾を施すことで、より見やすくメリハリのある文書になります。Wordで使える主な装飾は、フォントサイズの変更や、下線に太字、そしてフォントの変更です。また、文字の左端を整列する方法として、タブや左インデントを使うと便利です。さらに、複数の図形を活用すると、視覚的に情報を表現できる文書も作れます。この章で紹介した機能を活用すれば文書が読みやすくなり、見る人に情報が伝わりやすくなります。文書が完成したら［印刷］の画面で印刷結果や印刷設定をよく確認して、印刷を実行しましょう。

装飾とイラストの活用

Wordに用意されている文字や段落の装飾機能を利用すれば、内容や目的に合わせて文字を目立たせたり、配置を簡単に変更したりすることができる。また、図形などのイラストを入れれば、文書の注目度が高まる

練習問題

1

新しい文書を作成して、以下の文字を入力し、行ごとに配置を設定してください。

```
2015.10.3
秋季運動会
総務部
```

●ヒント　行ごとに配置を設定するときは、目的の行をクリックしてカーソルが移動した状態で配置を変更します。

2

次の文章を入力してください。

```
1.  日時    11月20日（金）10時から
2.  場所    神保町WEBステージ
3.  内容    冬季イベントガイダンス
```

●ヒント　連続する番号を使って箇条書きにするには、［ホーム］タブの［段落番号］ボタン（）を使います

答えは次のページ

解 答

入力した文字の配置は、行単位で変えることができます。目的の行にカーソルを移動し、［ホーム］タブのボタンで配置を設定しましょう。

段落番号を設定する行を選択し、［ホーム］タブにある［段落番号］ボタン（）をクリックすると、それぞれの行に「1.」「2.」「3.」という番号が自動的に挿入されます。

段落番号が挿入された

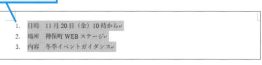

第4章 入力した文章を修正する

この章では、第3章で作成した文書を基に、部分的に文字の修正や編集を加えて、新しい文書をもう1つ作ります。すでにある文書を修正して新しい文書を作る方法は、最もパソコンらしくて合理的なやり方です。

●この章の内容
- ㉚ 以前に作成した文書を利用しよう………114
- ㉛ 文書の一部を書き直すには……………116
- ㉜ 特定の語句をまとめて修正するには……118
- ㉝ 同じ文字を挿入するには………………122
- ㉞ 文字を別の場所に移動するには………124

レッスン 30

以前に作成した文書を利用しよう

文書の再利用

Wordで作ってパソコンに保存した文書は、何度でもWordで再利用できます。保存した内容を修正するだけで、短時間で新しい文書を作れるようになります。

文書の編集と修正

この章では、文書を編集する方法について解説します。範囲選択や上書き、検索と置換、コピーや貼り付け、切り取りなどの機能を使えば、文書を短時間で正確に修正できるようになります。

▶キーワード

切り取り	p.302
検索	p.303
コピー	p.303
ショートカットメニュー	p.303
書式	p.303
置換	p.305
名前を付けて保存	p.306
貼り付け	p.306
フォルダー	p.307

●あて名の修正

村上秀夫様 高野由紀様

●日時や場所の修正

- 日時　　　11月14日（土）　9:00～17:00
- 集合場所　秋葉研修センター

- 日時　　　12月5日（土）　9:00～17:00
- 集合場所　いがき資格セミナー　秋葉研修センター

●連絡先の修正

お問い合わせ先：事業本部　小野
電話：03-6837-XXXX

お問い合わせ先：事業本部　小野
info@xxx.igakis.co.jp

文字の一部を書き直して修正を行う

文字を書き換えても、設定済みの書式は変わらずに流用できる

第4章　入力した文章を修正する

既存の文書から新しい文書を作成する流れ

保存済みの文書を修正すると、手早く確実に新しい文書を作ることができます。第3章で作成した文書には、文字飾りやフォントに配置などの書式が設定され、作図したイラストも挿入されています。Wordでは、装飾されている文字を修正しても、装飾はそのまま残るので、あらためて装飾する手間を省けます。また、必要な部分だけを修正するので、入力ミスなども減り、作業の効率が上がります。そして、修正を終えた文書に新しい名前を付けて保存すれば、元の文書はそのまま残り、新しい文書が1つ追加されます。

HINT! フォルダーの中で文書のファイル名を変更するには

フォルダーに保存した文書の名前は、Wordを使わなくても変更できます。名前を変更したい文書ファイルを右クリックしてショートカットメニューを開き、[名前の変更]をクリックすれば、名前を変更できるようになります。文書が増えてきたときは、フォルダーの中で名前を変更すると便利です。

❶ファイル名を変更する文書ファイルを右クリック　❷[名前の変更]をクリック

名前が編集できる状態になるので、ファイル名を入力して[Enter]キーを押す

[F2]キーを押しても名前を変更できる

❶既存の文書を開く

保存してある文書を開く

❷内容を修正する

変更個所を修正する

❸別名で保存する

元の文書はそのまま残る

元の文書／新しい文書／新しい文書が作成される

レッスン 31 文書の一部を書き直すには

範囲選択、上書き

文字の前後に新しく文字を追加したり、書き換えを実行したりしても、文書に設定済みの装飾は変更されません。名前や日付など、一部の文字を修正してみましょう。

あて名を選択する

- あて名をほかの人の名前に修正する
- あて名の名前部分だけを選択する

❶ここにマウスポインターを合わせる
❷ここまでドラッグ

▶キーワード

上書き保存	p.301
カーソル	p.301
クイックアクセスツールバー	p.302
書式	p.303
入力モード	p.306
フォントサイズ	p.307
元に戻す	p.309

📄 レッスンで使う練習用ファイル
選択範囲、上書き.docx

💡HINT! 追加する文字に装飾を設定したくないときは

新しく追加する文字に装飾を設定したくないときは、装飾を解除したい文字を選択して、[ホーム]タブにある[すべての書式をクリア]ボタン（）をクリックします。なお、[すべての書式をクリア]ボタンをクリックすると、文字に設定されていた書式がすべて解除されます。

❶[ホーム]タブをクリック

❷[すべての書式をクリア]をクリック

文字の装飾が解除される

あて名を入力する

- 範囲が選択された状態で入力する
- ❶「たかの」と入力

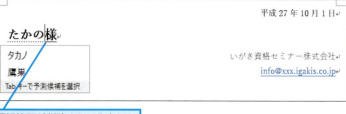

選択範囲が削除され、入力した文字だけが表示された

❷続けて「ゆき」と入力し、「高野由紀」と変換
❸ Enter キーを押す

フォントサイズや装飾はそのままで文字だけが修正された

⚠ 間違った場合は？

書き換える文字を間違って削除してしまったら、クイックアクセスツールバーの[元に戻す]ボタン（）をクリックして削除を取り消し、正しい文字を削除し直しましょう。

③ 日付を選択する

続けて、日付を修正する

❶ ここにマウスポインターを合わせる
❷ ここまでドラッグ

キーを押して文字を選択するには

手順1や手順3ではドラッグで文字を選択しましたが、キーボードを使っても文字を選択できます。[Shift]+[→]キーを押すと、カーソルを移動した分だけ、文字が選択されます。また、方向キー（[←][→][↑][↓]）でカーソルを移動してから1文字ずつ文字を削除しても構いません。

④ 日付を入力する

半角の数字を入力するので、入力モードを[半角英数]に切り替える

❶ キーを押す　月を入力する　❷「11」と入力

平成 27 年 11 月 1 日
高野由紀様
いがき資格セミナー株式会社
info@xxx.igakis.co.jp

選択範囲が削除され、入力した文字だけが表示された

装飾はカーソルの左側が基準になる

手順2であて名を修正したときに、フォントサイズや装飾はそのまま残りました。文字に自動的に設定される装飾は、カーソルの左側にある文字が基準となります。また、行の先頭にカーソルを合わせたときは、カーソルの右側にある装飾と同じ内容になります。

⑤ ほかの部分を修正する

別記の日付を修正する　ここの日付を「12月5日」に修正

Point

装飾をやり直す手間が省ける

装飾されている文字に新しい文字を追加すると、同じ装飾が設定されます。すでに装飾が完成している文書があれば、変更したい部分の文字を書き換えるだけで、新しい文書を作れます。また、特定の文字を選択して入力すれば、入力と同時に削除が行われるので、編集の手間が省けます。同じ内容で、あて先だけが違う文書を何枚も作る場合など、より効率的に作業を進めることができるようになります。もちろん、それぞれの文書は必要に応じて名前を付けて保存しておくといいでしょう。

レッスン 32

特定の語句をまとめて修正するには

置換

［検索と置換］ダイアログボックスを使えば、まとめて文字を置き換えられます。同じ単語を複数利用している文書で使えば、効率よく文字を修正できて便利です。

1 カーソルを移動する

カーソルを文書の先頭に移動する

ここをクリックしてカーソルを表示

2 ［検索と置換］ダイアログボックスを表示する

文字の検索と置換を実行するため、［検索と置換］ダイアログボックスを表示する

❶［ホーム］タブをクリック

❷［置換］をクリック

▶ キーワード

カーソル	p.301
検索	p.303
ダイアログボックス	p.304
置換	p.305
文書	p.308

 レッスンで使う練習用ファイル
置換.docx

 ショートカットキー

Ctrl + H ……… 置換

 初期設定では文書全体が検索対象となる

［検索と置換］ダイアログボックスの初期設定では、カーソルの位置を起点として文書全体が検索されます。カーソルの位置から文書の最後まで検索が行われると、自動的に文書の先頭から元のカーソル位置まで検索が実行されます。そのため、文書を開いていればカーソルはどこにあっても構いません。しかし、手順1のように最初からカーソルを文書の先頭に移動しておけば、文書の先頭から末尾まで検索が実行されるので、ページ内でどの文字が検索対象になっているか迷いません。

 文字の検索方向を変更するには

手順4の［検索と置換］ダイアログボックスで［オプション］ボタンをクリックすると、文字を検索する方向を変更できます。検索方向を変更すると、カーソルの点滅している位置を基準にして、文書の先頭（上）へか末尾（下）へかに検索方向を指定できます。

③ [検索と置換] ダイアログボックスが表示された

[検索と置換] ダイアログボックスが表示される位置は、環境によって異なる

 検索する文字と置換後の文字を入力する

ここでは、「セミナー」という文字を「教室」に置き換える

検索する文字を入力する　❶「セミナー」と入力

置換後の文字を入力する　❷「教室」と入力

 検索を実行する

ここでは、検索対象の文字を確認しながら文字を置き換える

[次を検索] をクリック

 置換する範囲を指定するには

文書内で特定の段落を対象にして文字を検索するには、ドラッグ操作などで検索対象の範囲を選択しておきます。[検索と置換] ダイアログボックスを表示した後でも特定の段落を選択して検索対象に設定できます。
ただし、選択範囲の検索が完了すると、文書全体を再び検索するかどうかを確認するダイアログボックスが表示されます。[いいえ] ボタンをクリックして検索を中止しないと、指定した範囲以外の文字も置換対象となるので、注意してください。

 検索対象の文字を確認せずにまとめて置換するには

[検索と置換] ダイアログボックスの [すべて置換] ボタンをクリックすると、文書に含まれる文字をまとめて置換できます。置換が完了すると、置換した文字の数が表示されます。
ただし、「株」を「株式会社」にまとめて置換してしまうと、「株式会社」が「株式会社式会社」となってしまうこともあるので、注意してください。

❶検索する文字を入力　❷置換後の文字を入力

❸[すべて置換]をクリック

文字の置き換えが完了したことを知らせるメッセージが表示された

置換した語句の個数が表示された　❹[OK]をクリック

次のページに続く

⑥ 文字を置き換えずに次の文字を検索する

- 「いがき資格セミナー株式会社」の「セミナー」が選択され、灰色で表示された
- ここで検索された「セミナー」は「教室」に置き換えず、次の文字を検索する
- ［次を検索］をクリック

⑦ 文字を置き換える

- 「パソコンセミナー」の「セミナー」が選択され、灰色で表示された
- ここで検索された「セミナー」を「教室」に置き換える
- ［置換］をクリック

HINT! 置換を使って不要な文字を削除するには

［検索と置換］ダイアログボックスの［置換後の文字列］に何も入力しなければ、［検索する文字列］に入力した文字を削除できます。ただし、［すべて置換］ボタンを利用するときは、本当に削除していいか［検索する文字列］の入力内容をよく確認しましょう。

❶検索する文字を入力　　［置換後の文字列］を空白にしておく

❷［すべて置換］をクリック

HINT! フォントなどの書式もまとめて変更できる

［検索と置換］ダイアログボックスでは、文字だけではなくフォントやスタイル、蛍光ペンなどの書式も検索条件に設定できます。［書式］ボタンをクリックして書式を選択すれば、検索する文字と書式を組み合わせた条件を指定できます。同様に、置換後の文字と書式を組み合わせておけば、文字と書式を同時に置換できて便利です。

❶［オプション］をクリック　　［検索オプション］が表示された

❷［書式］をクリック

条件と組み合わせる書式を指定できる

⚠ 間違った場合は？

置換する文字を間違えた場合は、［キャンセル］ボタンで、［置換と検索］ダイアログボックスを閉じてから、クイックアクセスツールバーの［元に戻す］ボタン（）で、置換を取り消します。

❽ 文字が置換された

「セミナー」が「教室」に置き換えられた

文字の置き換えが完了したことを知らせるメッセージが表示された

[OK]をクリック

❾ [検索と置換] ダイアログボックスを閉じる

文字の置き換えが終了したので [検索と置換] ダイアログボックスを閉じる

[閉じる] をクリック

必要に応じて文書を保存しておく

一度入力した文字列は簡単に再利用できる

以下の手順を実行すれば、[検索と置換] ダイアログボックスに入力した文字をすぐに再入力できます。ただし、Wordを終了すると履歴は消えてしまいます。

❶ここをクリック

❷入力する文字をクリック

文字を検索するには

置換ではなく、特定の文字を検索して一覧で表示するには [ホーム] タブにある [検索] ボタンをクリックします。画面左側に [ナビゲーション] 作業ウィンドウが表示されるので、キーワードを入力して検索を実行しましょう。[ナビゲーション] 作業ウィンドウに、キーワードに一致する文字が強調表示され、画面の文字が黄色く反転します。

Point

置換を使えば一気に修正できる

文字量の多い文書で、修正する文字を探すのは大変です。そんなときは、[検索と置換] ダイアログボックスを利用しましょう。検索する文字と置換後の文字を入力するだけで、該当する文字を探し出して自動的に置き換えてくれます。置換による文字の置き換えでは、元の文字に設定されている装飾がそのまま残ります。対象の文字を確かめながら置き換えができる [置換] ボタンと、文書全体を検索して自動で置換を行う [すべて置換] ボタンをうまく使い分けられるようにしましょう。

レッスン 33

同じ文字を挿入するには

コピー、貼り付け

コピーと貼り付けの機能を利用すれば、キーボードから同じ文字を入力し直す手間を省けます。書式もコピーされるので、貼り付けた後に書式の設定を行います。

1 文字を選択する

コピーする文字をドラッグで選択する

❶ ここにマウスポインターを合わせる

❷ ここまでドラッグ

▶ キーワード

クイックアクセスツールバー	p.302
クリップボード	p.302
コピー	p.303
作業ウィンドウ	p.303
書式	p.303
貼り付け	p.306
[貼り付けのオプション] ボタン	p.306

レッスンで使う練習用ファイル
コピー、貼り付け.docx

ショートカットキー

Ctrl + C ……… コピー
Ctrl + V ……… 貼り付け

2 文字をコピーする

選択した文字をコピーする

❶ [ホーム] タブをクリック

❷ [コピー] をクリック

選択した文字をコピーできた

HINT! コピーした文字はどこに保存されているの？

コピーを実行すると、文字は「クリップボード」という特別な場所に保存されます。クリップボードは、文字などの情報を一時的に記憶する場所で、通常はその内容を見ることができません。貼り付けを実行すると、クリップボードに記憶されている文字がカーソルのある位置に貼り付けられます。クリップボードの内容を画面で確認するには、レッスン㊱を参考に [クリップボード] 作業ウィンドウを表示してください。

3 貼り付ける位置を指定する

コピーした文字を貼り付ける位置を指定する

ここをクリックしてカーソルを表示

間違った場合は？

貼り付ける位置を間違えてしまったら、クイックアクセスツールバーの [元に戻す] ボタン () をクリックして取り消し、もう一度正しい位置に貼り付けましょう。

第4章 入力した文章を修正する

122 できる

4 文字を貼り付ける

指定した位置にコピーした文字を貼り付ける

[貼り付け] をクリック

5 書式を変更する

コピーした文字が貼り付けられた

「いがき資格セミナー」のフォントが[游ゴシック Light]のままなので「秋葉研修センター」と同じ[游明朝]に変更する

❶ [貼り付けのオプション]をクリック

❷ [書式を結合]をクリック

6 空白を入力する

「いがき資格セミナー」のフォントが「秋葉研修センター」と同じ[游明朝]になった

spaceキーを押して空白を入力

HINT! 貼り付け後に書式を変更できる

Wordでは文字と書式が一緒にコピーされます。このレッスンでは、「いがき資格セミナー」の文字をコピーして別の場所に貼り付けました。しかし、フォントが[游ゴシック Light]のままなので、手順5で[貼り付けのオプション]ボタン（）をクリックして「秋葉研修センター」に設定されているフォントを「いがき資格セミナー」の文字に設定しました。このように[貼り付けのオプション]ボタンを利用すれば、貼り付け後に文字の書式を変更できます。

HINT! [貼り付けのオプション]で何が設定できるの？

[貼り付けのオプション]には、コピー元の書式をそのまま利用する[元の書式を保持]（ ）と、貼り付け先の書式に合わせる[書式を結合]（ ）、文字だけを貼り付ける[テキストのみ保持]（ ）の3種類が用意されています。なお画像や図形など、文書以外のオブジェクトを貼り付けると、[貼り付けのオプション]の種類が変わります。

Point

一度入力した文字を有効に活用しよう

編集機能を使った文字の再利用は、使いたい文字をクリップボードに記憶させる「コピー」と、記憶した内容を目的の位置に入力する「貼り付け」を組み合わせて使います。一度コピーした文字は、貼り付けを実行すると、何度でも編集画面に入力できます。そのため、同じ文字を複数の場所で使いたいときは、コピーと貼り付けを使うと便利です。また、コピーと貼り付けは、ショートカットキーでも実行できます。編集機能をよく使うときは、「Ctrl+Cキーでコピー」「Ctrl+Vキーで貼り付け」というショートカットキーの操作を覚えておくと、より便利です。

レッスン 34 文字を別の場所に移動するには

切り取り、貼り付け

入力した文字を「コピー」するだけでなく、文字を別の位置に「移動」することもできます。編集機能を使って、メールアドレスの文字を移動してみましょう。

▶キーワード

切り取り	p.302
クリップボード	p.302
ドラッグ	p.306
貼り付け	p.306
[貼り付けのオプション]ボタン	p.306

レッスンで使う練習用ファイル
切り取り、貼り付け.docx

ショートカットキー

[Ctrl]+[X] ………… 切り取り
[Ctrl]+[V] ………… 貼り付け

 1 文字を選択する

- メールアドレスを問い合わせ先の下に移動する
- 移動する文字をドラッグで選択する

❶ここにマウスポインターを合わせる
❷ここまでドラッグ

 2 文字を切り取る

- 選択した文字を切り取る
- ❶[ホーム]タブをクリック
- ❷[切り取り]をクリック

HINT! マウスのドラッグでも移動できる

範囲選択した文字は、マウスのドラッグ操作でも移動できます。マウス操作に慣れた人にとっては素早く移動できて便利です。

❶移動する文字を選択
❷選択した文字にマウスポインターを合わせる
❸移動したい場所までドラッグ

 3 貼り付ける位置を指定する

- 文字が切り取られた
- 切り取った文字を貼り付ける位置を指定する
- ❶スクロールバーを下にドラッグしてスクロール

❷ここをクリックしてカーソルを表示

4 文字を貼り付ける

指定した位置に切り取った文字を移動する	[貼り付け]をクリック

5 書式を変更する

切り取った文字が貼り付けられた	メールアドレスの配置が[右揃え]のままなので、周りの段落に合わせて字下げを設定する

❶[貼り付けのオプション]をクリック

❷[書式を結合]をクリック

6 書式が変更された

メールアドレスの配置が周りの段落と同じになった

レッスン⓲を参考に「パソコン教室案内（12月）」という名前を付けて文書を保存しておく

[貼り付けのオプション]ボタンが消えたときは

[貼り付けのオプション]ボタンは、ほかの操作を行うと消えてしまいます。消えてしまった[貼り付けのオプション]ボタンを再表示することはできません。[貼り付けのオプション]ボタンが消えた後で、貼り付けた文字の書式を変更するときは、クイックアクセスツールバーの[元に戻す]ボタン（ ）をクリックして、もう一度貼り付けの操作を実行しましょう。

間違った場合は？

間違えて別の文字を切り取ってしまったときは、クイックアクセスツールバーの[元に戻す]ボタン（ ）をクリックして操作を取り消し、正しい文字を選んでから切り取りと貼り付けを実行しましょう。

Point

編集の基本はコピーと切り取りと、貼り付け

文字を再利用する編集作業は、このレッスンで紹介した「切り取り」、そして、レッスン㉝で紹介した「コピー」と「貼り付け」という3つの操作を組み合わせて使います。3つの操作では、クリップボードが重要な役割を持っています。コピーや切り取りを行った文字は、必ずクリップボードに保存されます。また、コピーの場合は、元の文字はそのまま編集画面に残ります。切り取りでは元の文字が削除されます。この2つの違いを理解して、コピーと切り取りの操作を使い分けましょう。

この章のまとめ

●文書を修正して効率よく再利用しよう

一度作って保存した文書は、何度でも開いて修正できます。文字の修正では、すでに設定されている装飾をそのまま使えるようになっています。また、コピーや切り取りなどの編集機能を使えば、同じ文字を再び入力しなくても、何度でも繰り返し再利用できます。そして、文書の名前を変更すれば、元の文書を残したまま、新しい文書を保存できます。この章で紹介した方法を覚えておけば、少ない手間で効率よく新しい文書を作れるようになります。パソコンで文書を作る秘訣は、一度入力して保存したものを、できる限り無駄なく、効率よく再利用することです。最小限の修正で最大限の結果を得られるようになれば、Wordを使った文書作りが楽しくて役立つものになるでしょう。

修正と再利用
文字の上書きや置換、コピー、貼り付け、切り取りなどの操作で、新しい文書を簡単に作成できる

練習問題

1

コピーと貼り付けの操作を実行して、右の文字を効率的に入力してください。

●ヒント　文字を修正するときは、「第一」の「一」や「26日」の「26」など、修正したい文字を選択し、文字が灰色に反転した状態で入力します。

> コピーと貼り付けを行った上で、必要な個所を修正する

```
定期健診日程
第一制作室：10月26日
第二制作室：10月27日
第三制作室：10月28日
第三制作室：10月29日
```

2

練習問題1で入力した文字を検索と置換の機能を使って、右のように修正してください。

●ヒント　文字を置換するときは、[検索と置換]ダイアログボックスを利用します。

> 検索する文字と置換後の文字を何にするかをよく確認する

```
定期健診日程
第一研究部：10月26日
第二研究部：10月27日
第三研究部：10月28日
第三研究部：10月29日
```

答えは次のページ

解　答

一度コピーした文字は、次に別の文字をコピーするまで何度でも貼り付けが可能です。同じ文字を続けて使うときに便利です。

[検索と置換]ダイアログボックスで、検索する文字と置換後の文字を入力します。ここでは、「制作室」という文字を「研究部」という文字に置き換えるように設定します。置き換えたい文字が多いほど、利便性を発揮します。

[閉じる]をクリックして[検索と置換]ダイアログボックスを閉じておく

第5章 表を使った文書を作成する

この章では、Wordの罫線を使って表を作ります。仕事で使う文書では、罫線を使って文字や数字を区切ると見やすくなります。Wordの罫線を活用して、表や枠のある文書を作ってみましょう。

●この章の内容
- ㉟ 罫線で表を作ろう …………………………………130
- ㊱ ドラッグして表を作るには ………………132
- ㊲ 表の中に文字を入力するには ………………136
- ㊳ 列数と行数を指定して表を作るには ………138
- ㊴ 列の幅を変えるには ………………………………140
- ㊵ 行を挿入するには …………………………………142
- ㊶ 不要な罫線を削除するには ………………144
- ㊷ 罫線の太さや種類を変えるには ……………148
- ㊸ 表の中で計算するには……………………………152
- ㊹ 合計値を計算するには……………………………154

レッスン 35

罫線で表を作ろう

枠や表の作成

Wordで枠や表を作るときは、罫線を使います。どのような表が作れるのか、見ていきましょう。また、このレッスンでは表の要素の呼び方についても解説します。

表の作成と編集

この章では、文書に表を入れて、見積書を作っていきます。Wordで表を作成するには、ドラッグして罫線を引く方法と、行数と列数を指定して表を挿入する方法の2つがあります。印鑑をなつ印する枠と見積金額の項目を入力する表をそれぞれの方法で作成してみましょう。また、見積金額を計算する式を表に入力する方法も解説します。

▶キーワード

行	p.302
罫線	p.303
セル	p.304
ドラッグ	p.306
文書	p.308
列	p.309

- 列数と行数を指定して表を挿入する →レッスン❸❽
- ドラッグして罫線を引き、なつ印をする枠を作成する →レッスン❸❻
- 作成した表の中に文字を入力する →レッスン❸❼
- 表の中をクリックして複数の行を挿入する →レッスン❹❶
- 表の中に計算式を入力して見積金額を計算する →レッスン❹❸、❹❹
- ドラッグして列の幅を変更する →レッスン❸❾

35 枠や表の作成

罫線の変更

作成した表に含まれる罫線の種類や太さを変更することで、表内の項目にメリハリが付きます。また、不要な罫線を削除すると、表がスッキリして見やすくなります。表の完成度を高めるためにも罫線の編集作業をマスターしましょう。

表を構成する要素を知ろう

罫線で囲まれた表は、1つ1つの枠の中をセルと呼びます。また、縦に並んだセルを列と呼び、横に並んだセルは行と呼びます。

◆セル
表の1つ1つのマス目のこと

◆列
セルが縦に並んだもの

◆行
セルが横に並んだもの

表全体を選択して一部の罫線を消す →レッスン㊶

罫線の太さや種類を変更する →レッスン㊷

不要な罫線を削除する

罫線の太さを一覧から選択する

罫線の種類を一覧から選択する

レッスン 36 ドラッグして表を作るには

罫線を引く

Wordでは、マウスの操作で罫線を引けます。項目と項目の区切りを明確にできるほか、手書きで記入してもらう空欄や、印鑑を押す欄などを作成できます。

 このレッスンは動画で見られます　操作を動画でチェック！
※詳しくは25ページへ

▶キーワード

改行	p.301
行	p.302
クイックアクセスツールバー	p.302
罫線	p.303
セル	p.304
ドラッグ	p.306
マウスポインター	p.308
ルーラー	p.309
列	p.309

① 表を挿入する位置を確認する

ここでは、見積書になつ印欄の表を挿入する

表を挿入する位置を確認

HINT! [罫線を引く]を使うと思い通りの表を作れる

Wordには罫線を引く方法がいくつか用意されていますが、[罫線を引く]の項目を選択すると、マウスのドラッグ操作で自由に罫線を引けます。なお、セルには改行の段落記号（）が必ず表示されます。

② 罫線を引く準備をする

❶[ホーム]タブをクリック
❷[罫線]のここをクリック
❸[罫線を引く]をクリック

HINT! ルーラーを表示してもいい

レッスンを参考に、表を挿入する前にルーラーを表示しておくと、ドラッグする位置の目安が分かりやすくなります。手順4では、罫線の外枠をドラッグで作成していますが、罫線の幅は後からでも調整できるので、ルーラーの有無にかかわらず、おおよその位置でドラッグして問題はありません。

⚠ 間違った場合は？

間違った線を引いてしまったときは、クイックアクセスツールバーの[元に戻す]ボタン（）をクリックして取り消し、正しい線を引き直しましょう。

第5章 表を使った文書を作成する

③ 罫線を引く準備ができた

マウスポインターの形が変わった

④ 罫線の枠を作成する

手順1で確認した位置に表を挿入する

❶ここにマウスポインターを合わせる

マウスをドラッグすると外枠が点線で表示される

❷ここまでドラッグ

⑤ 横の罫線を引く

外枠を作成できた

外枠の内側に横の罫線を引く

❶ここにマウスポインターを合わせる

❷ここまでドラッグ

セルに斜めの線を引くには

手順2の方法でマウスポインターを鉛筆の形（）にすれば、セルの対角線上をドラッグして、斜めに線を引けます。なお、マウスのドラッグ操作中は斜め線が赤く表示されます。

❶ここにマウスポインターを合わせる

❷ここまでドラッグ

いろいろな種類の罫線がある

罫線には、いろいろな種類があります。直線だけではなく、点線や波線に鎖線、そして立体的な線や飾り罫なども用意されています。以下の手順で操作すれば、罫線の種類を変更できます。マウスポインターが鉛筆の形（）になっていれば、以下の手順で線種を選び、ドラッグし直すことで作成済みの外枠の種類や太さを変更できます。詳しくは、レッスン㊷を参考にしてください。

❶［表ツール］の［デザイン］タブをクリック

❷［ペンのスタイル］のここをクリック

罫線の一覧が表示された

次のページに続く

縦の罫線を引く

横の罫線を引けた｜外枠の内側に縦の罫線を2本引く｜幅は後で調整するので、ドラッグの位置はおおまかでいい

❶ここにマウスポインターを合わせる　❷ここまでドラッグ

縦の罫線を引けた

2本目の縦の罫線を引く　❸ここにマウスポインターを合わせる　❹ここまでドラッグ

 罫線の作成を終了する

縦の直線を2本引くことで6つのセルに分割された｜マウスポインターの形を元に戻す

❶[表ツール]の[レイアウト]タブをクリック　◆[表ツール]タブ　表が選択されていると表示される

❷[罫線を引く]をクリック　　Escキーを押しても罫線の作成を終了できる

 HINT! 表や行、列を削除するには

表を削除するには、[削除]ボタンを使うと便利です。表内のセルをクリックして、[表ツール]の[レイアウト]タブにある[削除]ボタンをクリックすれば、セル、行、列、表全体から削除する対象を選択できます。

❶表内のセルをクリックしてカーソルを表示

❷[表ツール]の[レイアウト]タブをクリック

❸[削除]をクリック　❹[表の削除]をクリック

HINT! 特定の列の幅をそろえるには

手順8のように[幅を揃える]ボタンを使えば、特定の列の幅を均等にそろえられます。幅をそろえる列をドラッグしてから操作しましょう。

❶ここにマウスポインターを合わせる

マウスポインターの形が変わった　❷ここまでドラッグ

❸[表ツール]の[レイアウト]タブをクリック

❹[幅を揃える]をクリック

8 列の幅をそろえる

マウスポインターの形が元に戻った

❶ カーソルが表内に表示されていることを確認

カーソルが表内に表示されていないときは、表内のセルをクリックする

❷ [表ツール]の[レイアウト]タブをクリック

❸ [幅を揃える]をクリック

9 列の幅がそろった

列の幅が均等になった

見積書に必要な内容を入力しておく

HINT! 行の高さを均等にそろえるには

[表ツール]の[レイアウト]タブにある[高さを揃える]ボタンを使うと、複数の行の高さを均等にできます。以下の例では、表内の行の高さがすべて同じになります。

❶ 表内のセルをクリック

❷ [表ツール]の[レイアウト]タブをクリック

❸ [高さを揃える]をクリック

行の高さがそろった

Point ドラッグ操作で表を作成できる

罫線を使うと、項目と項目の区切りを明確にできるだけではなく、項目を整理した表やリストなどを作るときに便利です。また、印刷した文書に手書きで記入してもらったり、印鑑を押すための枠として罫線を使うこともあります。日本のビジネス文書では、罫線を使った書類が多く利用されています。罫線を引くことで、横書きの文章が読みやすくなったり、項目の区切りや関係がはっきりするからです。また、セルの中には改行の段落記号（↵）が表示されますが、これはセルごとに文字を入力できることを表しています。

レッスン 37

表の中に文字を入力するには

セルへの入力

罫線を組み合わせて作成した表に、文字を入力しましょう。1つ1つのセルには、必ず改行の段落記号があります。改行の段落記号をクリックして文字を入力します。

1 入力位置を指定する

文字を入力するセルをクリックする
ここをクリックしてカーソルを表示
セルにカーソルが表示された

▶キーワード

改行	p.301
セル	p.304
段落	p.305
マウスポインター	p.308

📄 レッスンで使う練習用ファイル
セルへの入力.docx

🪟 ショートカットキー

Tab ……………… 次のセルへ移動
Ctrl + E ………… 中央揃え

2 文字を入力する

なつ印欄に文字を入力する
「承認印」と入力

💡HINT! 方向キーや Tab キーで次のセルに移動できる

手順3ではクリックで隣のセルに移動しましたが、方向キーを使うと便利です。また、Tab キーを使うと、順番にセルを移動できます。文字の入力後にすぐ次のセルに移動するには、方向キーや Tab キーを使いましょう。

→キーを押す

3 隣のセルに移動する

「承認印」と入力できた
ここをクリックしてカーソルを表示
隣のセルにカーソルが表示された

カーソルが隣のセルに移動した

Tab キーでもカーソルが移動する

4 ほかのセルに文字を入力する

続けて、ほかのセルに文字を入力する
❶「上長印」と入力
❷「担当印」と入力

136

❺ 行全体を選択する

文字の配置を変える行を選択する

❶ここにマウスポインターを合わせる

マウスポインターの形が変わった

❷そのままクリック

行全体が選択された

❻ 文字を中央に配置する

選択した行の文字をまとめてセルの中央に配置する

❶[表ツール]の[レイアウト]タブをクリック

❷[中央揃え]をクリック

❼ 文字が中央に配置された

セル内の文字が中央に配置された

💡HINT! クリックする場所でセルの選択範囲が変わる

手順5では行を選択しましたが、セルをクリックする位置によって、選択される範囲が変わります。マウスポインターの形に注目してクリックすれば、効率よくセルを選択できます。

●セルの選択

●行の選択

●列の選択

⚠️ 間違った場合は？

手順6で、[上揃え（中央）]ボタンや[下揃え（中央）]ボタンをクリックしてしまったときは、セルが選択された状態で[中央揃え]ボタンをクリックし直します。

Point 表内の文字も装飾や配置を変更できる

縦横の罫線で区切られた1つ1つのセルの文字も通常の文字と同じように装飾を設定できます。[表ツール]の[レイアウト]タブにあるボタンを使えば、セルの中の文字を左右だけでなく、上下にそろえるのも簡単です。表の中に項目名などの短い文字を入力するときはセルの上下左右中央に、文字数が多いときは、[両端揃え（上）]ボタン（▭）がオンになっている状態で文字を入力するといいでしょう。

レッスン 38

列数と行数を指定して表を作るには

表の挿入

[表] ボタンの機能を使うと、列数と行数を指定するだけで罫線表を挿入できます。あらかじめ表の項目数が分かっているときは、[表] ボタンを使うといいでしょう。

1 表の挿入位置を指定する

❶ スクロールバーを下にドラッグしてスクロール
❷ ここをクリックしてカーソルを表示

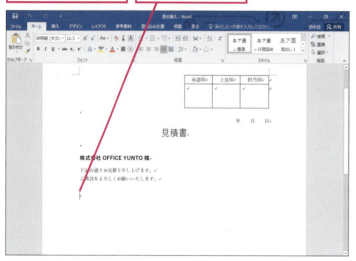

▶キーワード

行	p.302
スクロール	p.304
[表] ボタン	p.307
マウスポインター	p.308
列	p.309

📄 レッスンで使う練習用ファイル
表の挿入.docx

💡HINT! 行数と列数の多い表を挿入するには

手順2の操作で挿入できる表は8行×10列までの大きさになります。それ以上の表を挿入するには、[表の挿入] ダイアログボックスで、行数と列数を指定します。[表の挿入] ダイアログボックスの表示方法は、以下のテクニックを参考にしてください。

👉 テクニック 文字数に合わせて伸縮する表を作る

このレッスンで作成した表は、レッスン㊴で列の幅を調整しますが、以下の手順で操作すれば、入力する文字数に応じて列の幅が自動で変わる表を挿入できます。[表の挿入] ダイアログボックスで [文字列の幅に合わせる] を忘れずにクリックしましょう。文字が何も入力されていない状態の表が挿入されるので、レッスン㊲の要領でセルに文字を入力します。

❶ [挿入] タブをクリック
❷ [表] をクリック
❸ [表の挿入] をクリック

[表の挿入] ダイアログボックスが表示された

❹ [列数] と [行数] を設定
❺ [文字列の幅に合わせる] をクリック
❻ [OK] をクリック

列の幅が最小の表が作成された
入力する文字数に応じて列の幅が広がる

138

❷ 表を挿入する

ここでは5行×4列の表を挿入する

❶[挿入]タブをクリック
❷[表]をクリック
❸縦に5マス、横に4マスの位置をクリック

マウスポインターを合わせた位置に応じて、表の挿入後の状態が表示される

ページの幅いっぱいに表が表示される

❸ 項目名を入力する

5行×4列の表がページの幅いっぱいに挿入された

挿入した表に項目名を入力しておく

❶表に項目名を入力
❷レッスン㊲を参考に、文字の配置を[中央揃え]に変更

表のこのセルに数字を入力する

❸数字を入力するセルの文字の配置を[中央揃え(右)]に変更

HINT! 表内の文字は Delete キーで削除しよう

セルに入力した文字は、Delete キーで削除するようにします。なぜなら、Back space キーで文字を削除すると、自動で右インデントが設定されることがあるからです。もしも、右インデントが設定されてしまったときは、下のHINT!を参考にして、設定を修正しましょう。

HINT! 表の項目名が中央にそろわないときは

文字や画像をセルに挿入して、中央や右などに配置を設定しても、思い通りにレイアウトされないことがあります。そのときは、[レイアウト]タブの[段落]グループにある[右インデント]を[0字]に設定すると、配置を修正できます。

⚠ 間違った場合は?

行数や列数を間違えて表を挿入してしまったときは、クイックアクセスツールバーの[元に戻す]ボタン()をクリックして表の挿入を取り消し、手順2を参考に正しい列数と行数を指定して、表を挿入し直しましょう。

Point 集計表や見積書を作るときは[表]ボタンが便利

集計表や一覧表、見積書、請求書など、列数や行数が多い表は[表]ボタンを使って表を作成します。[表]ボタンの一覧で列数と行数を指定するだけで、罫線で仕切られた表を効率よく挿入できます。[表]ボタンで作成する表は、文書の左右幅いっぱいに挿入され、行と列が均等な幅と高さになります。また、行数や列数は後から増減が可能です。

レッスン 39 列の幅を変えるには

列の変更

[表]ボタンで挿入した表は、列の幅や行の高さが同じになります。入力する項目に合わせて列の幅を変えてみましょう。列の幅は、罫線をドラッグして変更できます。

1 列の幅を広げる

[品名]の列の幅を広くする

❶ここにマウスポインターを合わせる

マウスポインターの形が変わった

❷ここまでドラッグ

変更後の列の幅が点線で表示される

▶キーワード

セル	p.304
列	p.309

📄 レッスンで使う練習用ファイル
列の変更.docx

HINT! 1つのセルだけ幅を変更するには

同じ列のほかのセルの幅は変えずに、1つのセルだけ幅を変えたいときは、マウスポインターの形が になったところをクリックして1つのセルを選択し、罫線をドラッグします。

[品名]の右のセルを選択する　❶ここをクリック

❷ここにマウスポインターを合わせる

❸ここまでドラッグ

HINT! 列の幅を文字数ぴったりにするには

列の幅を調整するときに、ドラッグではなくダブルクリックすると、文字の長さに合わせて列の幅を自動的に調整できます。ただし、文字が多すぎて1行に収まりきらないときには、セル内で文字が折り返されます。

⚠ 間違った場合は？

列の幅を間違えたときは、正しい幅にドラッグし直しましょう。

第5章 表を使った文書を作成する

テクニック ほかの列の幅は変えずに表の幅を調整する

通常の列の幅を変更する操作では、表全体の幅は変わらず、幅を変更した列の左右どちらかの列が広くなるか狭くなります。また、表の左右の罫線を内側にドラッグすれば、表全体の幅を調整できますが、左右の列の幅が縮まってしまいます。
そのような場合は、Shiftキーを押しながら罫線をドラッグしましょう。右の例では［品名］の列の幅だけを狭くします。Shiftキーを押しながら［品名］と［数量］の間の罫線を左にドラッグすると、［品名］の列だけが狭くなりますが、ほかの3つの列の幅は変わりません。このとき、表全体の幅が狭くなります。

❶ここにマウスポインターを合わせる
マウスポインターの形が変わった
❷Shiftキーを押しながらここまでドラッグ
列の幅が変更された
ほかの列の幅は変更されない
表全体の幅が狭くなった

❷ 列の幅が広がった

［品名］の列の幅が広がった
［数量］の列の幅が狭くなった
ほかの列の幅は変更されない

❸ ほかの列の幅を変更する

［数量］の列幅を広げて、［単価］の列幅を少し狭くする
手順1を参考に［数量］の列の幅を調整

HINT! 行の高さを変えるには

行の高さも自由に変更できます。手順1と同じように、行と行の間の罫線にマウスポインターを合わせてドラッグします。ただし、文字の大きさ以下には行の高さを変更できません。

手順1と同じ要領で行の高さを変更できる

Point 列の幅を調整して表を整える

見積書などでは、品名の欄は文字を多めに入力できるように幅が広く、数字の欄が狭いことが多いでしょう。このレッスンで解説したように罫線をドラッグすれば簡単に列の幅や行の高さを変更できます。列の幅や行の高さは、文字を入力した後でも自由に調整できるので、表の内容に合わせて調整しておきましょう。

レッスン 40

行を挿入するには

上に行を挿入

表の行数や列数は、表の挿入後に変更できます。表を作っている途中で、行や列を増やしたり減らしたりするときは、このレッスンで紹介する方法で操作しましょう。

1 行の挿入位置を指定する

合計欄の上に3行挿入する

カーソルがある行が挿入位置の基準になる

ここをクリックしてカーソルを表示

▶ キーワード

行	p.302
クイックアクセスツールバー	p.302
セル	p.304
段落	p.305

レッスンで使う練習用ファイル
上に行を挿入.docx

HINT! カーソルのある行や列が基準になる

表に行や列を挿入するときは、挿入の基準になるセルをクリックしてカーソルを表示します。カーソルのある行や列から見て、上か下に行、左か右に列が挿入されます。

HINT! 行を簡単に挿入するには

マウスポインターを表の左端に合わせると、が表示されます。このをクリックすると、表に行を挿入できます。そのため、タブレットなどのタッチ対応機器でも直観的に操作できます。ただし、をクリックしたときは、無条件でカーソルがある行の上に新しい行が挿入されます。

❶ここにマウスポインターを合わせる

❷ここをクリック

合計欄の上に行が挿入された

2 行を挿入する

❶合計欄と同じ行にカーソルが表示されていることを確認

❷[表ツール]の[レイアウト]タブをクリック

ここでは合計欄の上に行を挿入する

❸[上に行を挿入]をクリック

❸ さらに行を挿入する

合計欄の上に行が1行挿入された

挿入した行は、選択された状態になる

さらに2行挿入する

[上に行を挿入]を2回クリック

❹ 各セルに項目を入力する

さらに行が2行挿入された

挿入した行に項目を入力しておく

❶各セルに項目を入力

❷レッスン㊲を参考に文字の配置を[両端揃え(中央)]に変更

💡HINT! 行や列を削除するには

このレッスンでは行を追加しましたが、行や列を削除するときは以下の手順を実行します。

❶削除する行や列をクリック

❷[表ツール]の[レイアウト]タブをクリック

❸[削除]をクリック

削除対象の項目を選択する

⚠ 間違った場合は？

挿入した行数や位置を間違えてしまったら、クイックアクセスツールバーの[元に戻す]ボタン（ ）をクリックして取り消し、正しい位置をクリックしてから行を挿入し直しましょう。

Point

行や列を増やす前に基準のセルをクリックする

行や列の数は、後から自由に増やしたり、減らしたりすることができます。挿入の基準となる行や列にカーソルを移動してから操作するのがポイントです。行の場合は、[上に行を挿入]ボタンか[下に行を挿入]ボタンで、カーソルがある行の上下に挿入できます。列の場合は、[右に列を挿入]ボタンか[左に列を挿入]ボタンをクリックします。表を作っていて、入力項目が増えて行や列が足りなくなってしまったときは、このレッスンの要領で追加しましょう。逆に、行や列を減らしたいときは、[削除]ボタンをクリックして、一覧から削除項目を選びます。

レッスン 41

不要な罫線を削除するには

線種とページ罫線と網かけの設定

表の構造はそのままに、罫線だけを削除できます。表の内容や項目に応じて一部の罫線を消して見ためをスッキリさせたり、セルを結合したりするといいでしょう。

▶キーワード

クイックアクセスツールバー	p.302
罫線	p.303
セル	p.304
ダイアログボックス	p.304
プレビュー	p.308

レッスンで使う練習用ファイル
罫線の削除.docx

1 表全体を選択する

❶表内のセルをクリック
❷ここにマウスポインターを合わせる

マウスポインターの形が変わった ❸そのままクリック

HINT! リボンを使わずに表全体の設定を変更するには

セルや行、列の単位ではなく、表全体の設定をまとめて変更したいときには、[表のプロパティ] ダイアログボックスが便利です。[表のプロパティ] ダイアログボックスは、ショートカットメニューからでも表示できます。

表内のセルを右クリック

ショートカットメニューが表示された

[表のプロパティ] をクリックすると [表のプロパティ] ダイアログボックスが表示される

2 [表のプロパティ] ダイアログボックスを表示する

表全体が選択された
表の設定を変更する
❶[表ツール] の [レイアウト] タブをクリック

❷[プロパティ]をクリック

第5章 表を使った文書を作成する

③ [線種とページ罫線と網かけの設定]ダイアログボックスを表示する

[表のプロパティ]ダイアログボックスが表示された

❶ [表]タブをクリック

❷ [線種/網かけの変更]をクリック

内側の罫線を削除するには

[線種とページ罫線と網かけの設定]ダイアログボックスに表示される[プレビュー]を確認しながら操作すれば内側の罫線のみを簡単に削除できます。手順5のように田をクリックすると、選択しているセルの範囲で、内側に含まれる罫線を削除できます。[プレビュー]の表示を確認すれば、罫線の有無が分かります。

プレビューを確認しながら操作する

[プレビュー]内をクリックしても、罫線の削除や追加ができる

④ 削除する罫線を選択する

[線種とページ罫線と網かけの設定]ダイアログボックスが表示された

❶ [罫線]タブをクリック

現在選択されている罫線の線種が青い線で囲まれている

表の左側の縦の罫線を削除する

❷ このボタンをクリック

⑤ さらに削除する罫線を選択する

左側の縦の罫線が消えた

縦の罫線をすべて消す

この2つのボタンをクリック

間違った場合は?

手順4や手順5で削除する罫線を間違えたときには、もう一度、同じボタンをクリックして削除してしまった罫線を表示し、削除する罫線を選び直します。削除した罫線が分からなくなってしまったときは、[キャンセル]ボタンをクリックして、[線種とページ罫線と網かけの設定]ダイアログボックスを閉じ、もう一度手順2から操作をやり直しましょう。

次のページに続く

罫線の削除を確定する

縦の罫線がすべて削除された

❶[OK]を
クリック

[線種とページ罫線と網かけの設定]ダイアログボックスが閉じて、[表のプロパティ]ダイアログボックスが表示された

❷[OK]を
クリック

 縦の罫線が削除されたことを確認する

❶ここをクリックして
表の選択を解除

表の選択が
解除された

❷縦の罫線が削除されて
いることを確認

HINT! 罫線を削除するとグリッド線が表示される

罫線を削除すると、灰色のグリッド線が表示されます。グリッド線は印刷されませんが、罫線が消えても、表としての役割が残っていることを示しています。

罫線を削除しても
グリッド線は残る

HINT! グリッド線を非表示にするには

[表ツール]の[レイアウト]タブにある[グリッド線の表示]ボタンをクリックすると、表示されているグリッド線が消えます。もう一度クリックすると、グリッド線が再表示されます。

表全体を
選択して
おく

❶[表ツール]の
[レイアウト]タブ
をクリック

❷[グリッド線の
表示]をクリック

グリッド線が表示
されなくなった

⑧ 罫線を削除する準備をする

左下の3本の横の罫線を
ドラッグで削除する

❶ [表ツール]の[レイアウト]
タブをクリック

❷ [罫線の削除]をクリック

⑨ 横の罫線を削除する

マウスポインターの
形が変わった

❶ 削除する罫線にマウス
ポインターを合わせる

❷ そのまま
クリック

❸ 同様にして、残りの
2本の罫線を削除

⑩ 罫線を削除できた

3本の横の罫線
を削除できた

セルが1つのセ
ルに結合した

手順8を参考に[罫線の削除]をクリッ
クして、罫線の削除を終了する

HINT! セルを結合すると文字の配置が変わる

[罫線の削除]ボタンでセルの境界線を削除すると、左右や上下のセルが結合して、1つのセルになります。[中央揃え]が設定されているセルを結合させると、文字は新しいセルに合わせて中央に配置されます。

削除する罫線をドラッグ

セルが結合した

セル内の文字が結合セルに
合わせて再配置された

⚠ 間違った場合は？

間違った罫線を削除してしまったときは、クイックアクセスツールバーの[元に戻す]ボタン（ ）を必要に応じてクリックし、手順8から操作をやり直してください。

Point 不要な線を消すと、表がスッキリする

表を使うと、文字や数字が読みやすくなります。しかし、罫線が多くなり過ぎると、反対に縦や横の文字と数字を比べたり、確認したりするのに邪魔になることがあります。そうしたときは、不要な罫線を削除してみましょう。表の見ためがスッキリとして、見やすくなります。ただし、ただ単に罫線を削除するのではなく、罫線を削除してセルを結合するのか、罫線の表示だけを消して表としての機能はそのまま使うのか、2つの方法を使い分けて、誰が見ても見やすい表を作ることを心がけましょう。

レッスン 42

罫線の太さや種類を変えるには

ペンの太さ、ペンのスタイル

罫線の太さや種類を変えると表にメリハリが付きます。このレッスンで紹介する方法で、小計や合計など、表を区切って項目を区別すれば、表の印象が変わります。

▶キーワード

クイックアクセスツールバー	p.302
罫線	p.303
スタイル	p.304
セル	p.304
ダイアログボックス	p.304
マウスポインター	p.308

📄 **レッスンで使う練習用ファイル**
罫線の書式.docx

---

1 罫線の太さを選択する

❶ 表内のセルをクリックしてカーソルを表示

❷ [表ツール] の [デザイン] タブをクリック

❸ [ペンの太さ] のここをクリック

罫線の太さの一覧が表示された

❹ [2.25pt] をクリック

💡HINT! 複数の線の種類を変えるには

線の種類をまとめて変更するには、[線種とページ罫線と網かけの設定] ダイアログボックスを表示しましょう。線の種類を選択し、ボタンをクリックし直して罫線を引き直します。

❶ レッスン㊶の手順1～3を参考に [線種とページ罫線と網かけの設定] ダイアログボックスを表示

❷ [罫線] タブをクリック

❸ [種類] で線種を選択

❹ 線種を変える場所を2回クリック

❺ [OK] をクリック

ボタンをクリックした場所の罫線が二重線になる

---

2 罫線を太くする

マウスポインターの形が変わった

「出精値引き」の下の罫線を太くする

❶ ここにマウスポインターを合わせる

❷ ここまでドラッグ

ドラッグしている間、太い罫線になる部分が灰色で表示される

第5章 表を使った文書を作成する

148 できる

③ 罫線が太くなった

ドラッグした部分の罫線が太くなった

④ 罫線の種類を選択する

合計欄の上の罫線を二重線にする

❶ [ペンのスタイル]のここをクリック

❷ ここをクリック

罫線の種類の一覧が表示された

罫線の色を変更するには

以下の手順で操作すれば、罫線の色を後から変更できます。[表ツール]の[デザイン]タブにある[ペンの色]ボタンをクリックして一覧から色を選択しましょう。それから色を変える罫線をドラッグします。

❶ [表ツール]の[デザイン]タブをクリック

❷ [ペンの色]をクリック

❸ 好みの色をクリック

❹ 色を変える罫線をドラッグ

罫線の色が変わった

⚠ 間違った場合は?

手順2で別の罫線の太さを変更してしまったときは、クイックアクセスツールバーの[元に戻す]ボタン（）で取り消して、正しい場所をドラッグし直しましょう。

次のページに続く

❺ 二重線にする罫線を選択する

マウスポインターがペンの形になっていることを確認する

二重線にする罫線をドラッグして選択する

❶ ここにマウスポインターを合わせる

❷ ここまでドラッグ

ドラッグしている間は灰色の線が表示される

罫線を非表示にするには

罫線だけを非表示にするには、［ペンのスタイル］の一覧から［罫線なし］を選択して、罫線をドラッグします。罫線の削除とは異なり、セルは残ります。［罫線なし］でドラッグした罫線は、灰色のグリッド線で表示されます。

❶ ［ペンのスタイル］のここをクリック

❷ ［罫線なし］をクリック

❸ 非表示にする罫線をドラッグする

👆 テクニック　表のデザインをまとめて変更できる！

表の色やデザインをまとめて設定するには［表ツール］の［デザイン］タブにある［表のスタイル］を利用するといいでしょう。あらかじめ用意されている配色を選ぶだけで、表のデザインを一度にまとめて変更できます。一覧で表示されたデザインにマウスポインターを合わせると、操作結果が一時的に表示されるので、実際のイメージを確かめながら好みの配色を選べます。
ただし、この方法でデザインを変更すると、設定済みのセルの背景色や罫線の種類はすべて変更されます。

❶ 表内のセルをクリック

❷ ［表ツール］の［デザイン］タブをクリック

❸ ［表のスタイル］のここをクリック

デザインの一覧が表示された

❹ 好みのデザインをクリック

デザインにマウスポインターを合わせると、一時的に表のデザインが変わり、設定後の状態を確認できる

表のデザインが変わった

❻ 罫線が二重線になった

ドラッグした部分の線が
二重線になった

❼ 罫線の変更を終了する

罫線の変更を終了して、マウス
ポインターの形を元に戻す

❶ [表ツール]の[デザイン]
タブをクリック

❷ [罫線の書式設定]を
クリック

[Esc]キーを押しても罫線の
変更を終了できる

❽ 罫線の太さと種類を変更できた

マウスポインターの
形が元に戻った

セルに背景色を付けるには

セルの背景に色を付けたいときは、[表ツール]の[デザイン]タブにある[塗りつぶし]ボタンをクリックして、色を選びます。ただし、[塗りつぶし]ボタンは上下で分割されていることに注意してください。[塗りつぶし]の文字が明記されている部分のボタンをクリックすると、色の一覧が表示されます。色の一覧には[テーマの色]と[標準の色]がありますが、[その他の色]をクリックすれば[色の設定]ダイアログボックスで色を設定できます。

❶背景色を付けるセルを
選択してカーソルを表示

❷[表ツール]の[デザイン]
タブをクリック

❸[塗りつぶし]を
クリック

❹好みの色を
クリック

セルに背景色が設定される

Point

罫線の太さや種類を変えて表を見やすくしよう

線の太さや種類を変えれば、表の見やすさが変わります。外枠や明細と項目を仕切る線を太くすることで、表全体が引き締まった印象になります。また、行が多くて線が目立つときは一部を削除したり、色を薄くしたりするといいでしょう。線の種類や色を工夫することによって、見やすく品がいい表に仕上げることができます。

レッスン 43

表の中で計算するには

計算式

罫線で仕切られたセルは、Excelと同じように座標があり、入力した数値を利用して計算ができるようになっています。計算式を設定して、掛け算を行ってみましょう。

1 [計算式] ダイアログボックスを表示する

ここでは、商品の数量と単価を掛け合わせた金額を求める

❶計算式を挿入するセルをクリック
❷[表ツール]の[レイアウト]タブをクリック
❸[計算式]をクリック

2 計算式を入力する

[計算式] ダイアログボックスが表示された

あらかじめ入力されている計算式を削除する

❶ Back space キーを押して「=」以外を削除

タブレットPCの「数量×単価」を表す計算式を入力する

❷半角で「B2*C2」と入力

「*」を入力するには Shift + け キーを押す

▶キーワード

セル	p.304
半角	p.306
フィールドコード	p.307

📄 **レッスンで使う練習用ファイル**
計算式.docx

ショートカットキー

Shift + F9
……フィールドコードの表示/非表示

 セルと座標の関係を知ろう

罫線で仕切られた表は、左上をA1として横にABCDE……、縦に12345……と順番に座標が設定されています。計算式を入力するときには、座標を使って、どこのセルにある数値を利用するのかを指定します。

	A	B	C
1	A1	B1	C1
2	A2	B2	C2
3	A3	B3	C3

 計算に使う記号と意味

計算に使う記号と意味は、以下のようになっています。

記号	読み	意味
+	プラス	足し算
−	マイナス	引き算
*	アスタリスク	掛け算
/	スラッシュ	割り算

 間違った場合は?

間違ったセルの座標や計算式を入力したときは、Back space キーで削除して、正しい内容を入力し直しましょう。

❸ 表示形式を選択する

計算結果に「,」(カンマ)が付くように表示形式を選択する

❶ [表示形式] のここをクリックして [#,##0] を選択

❷ [OK] をクリック

❹ 計算結果が表示された

計算式が入力され、計算結果が表示された

品名	数量	単価	合計
タブレットPC	15	98,000	1,470,000
カラープリンター	5	8,200	
ネットワークケーブル	20	1,050	
	出精値引き		-50,000
	小計		
	消費税		
	合計		

❺ 残りの計算式を入力する

続けて下のセルに「数量×単価」を表す計算式を入力する

品名	数量	単価	合計
タブレットPC	15	98,000	1,470,000
カラープリンター	5	8,200	41,000
ネットワークケーブル	20	1,050	21,000
	出精値引き		-50,000
	小計		
	消費税		
	合計		

❶ 手順1〜4を参考に「=B3*C3」と入力

❷ 手順1〜4を参考に「=B4*C4」と入力

HINT! [表示形式]って何？

[表示形式]は、計算結果の形式を指定するための項目です。通常の数字は、計算結果にしたがって、小数点まで表示されますが、手順3で[表示形式]を[#,##0]と指定しておけば、小数点以下は四捨五入され、3けた以上の整数は「,」(カンマ)付きで表示されるようになります。

HINT! 「フィールドコード」に計算式が記述されている

[計算式]ダイアログボックスを使って計算式を入力すると、実際には「フィールドコード」と呼ばれる特殊な記号が挿入されます。フィールドコードには、セルの座標と座標を組み合わせた演算式が記入されています。ただし、タブレットPCの「数量×単価」を計算した「1,470,000」の計算式を下のセルにコピーしても、Excelのようにセルの座標は変わりません。計算式をコピーしたときは、フィールドコードを表示して座標を修正します。
なお、フィールドコードを表示するには、計算式を入力したセルをクリックして、[Shift]+[F9]キーを押します。

◆フィールドコード

Point

Wordの罫線表で計算ができる

Wordの表は、Excelのワークシートと同じように、線で仕切られたすべてのセルに座標があります。しかし、Wordの表では「ABC」や「123」というようなセルの座標を示す表示がありません。前ページのHINT!などを参考に、自分で表の左端を「A1」と考えて、セルの座標を計算式に入力していく必要があります。計算式の指定方法も、基本的にはExcelと同じです。計算の対象となるセルの座標と記号を組み合わせて計算を行いましょう。

レッスン 44

合計値を計算するには

関数の利用

Wordの表の中で、小計や消費税の計算をしてみましょう。フィールドコードと呼ばれる特殊なコードを入力すると、四則演算や関数を使った計算を実行できます。

1 計算式を入力するセルを選択する

すべての商品の金額と出精値引きを足した金額を小計として表示する

ここをクリックしてカーソルを表示

2 [計算式]ダイアログボックスを表示する

❶[表ツール]の[レイアウト]タブをクリック

❷[計算式]をクリック

3 合計の数式が入力されていることを確認する

[計算式]ダイアログボックスが表示された

❶「=SUM(ABOVE)」と入力されていることを確認

❷[OK]をクリック

▶キーワード

カーソル	p.301
クイックアクセスツールバー	p.302
セル	p.304
ダイアログボックス	p.304
フィールドコード	p.307

レッスンで使う練習用ファイル
関数の利用.docx

ショートカットキー
Shift + F9
……フィールドコードの表示/非表示

SUMとABOVEの意味

手順3の[計算式]に表示された「=SUM(ABOVE)」とは、「式を定義したセルの上(ABOVE)にある数字を合計(SUM)する」という意味の計算式です。「SUM」のような英単語は関数と呼ばれ、通常であれば「D2+D3+D4+D5」と記述しなければならない式を簡単にします。Wordでは、以下の表にある関数を利用できます。

関数	意味
ABS	絶対値を求める
AND	論理積を求める
AVERAGE	平均を求める
COUNT	個数を数える
INT	セルの値を整数にする
MAX	最大値を求める
MIN	最小値を求める
MOD	割り算の余りを求める
ROUND	四捨五入する
SUM	数値を合計する

④ 計算結果が表示された

自動的に上のセルすべての合計値が表示された

品名	数量	単価	合計
タブレットPC	15	98,000	1,470,000
カラープリンター	5	8,200	41,000
ネットワークケーブル	20	1,050	21,000
	出精値引き		-50,000
	小計		1,482,000
	消費税		
	合計		

⑤ 消費税の計算式を入力する

消費税の計算式を入力する

レッスン㊸を参考に「=D6*0.08」と入力

消費税が表示された

品名	数量	単価	合計
タブレットPC	15	98,000	1,470,000
カラープリンター	5	8,200	41,000
ネットワークケーブル	20	1,050	21,000
	出精値引き		-50,000
	小計		1,482,000
	消費税		118,560
	合計		

⑥ 合計の計算式を入力する

小計と消費税を足した金額を合計として表示する

レッスン㊸を参考に「=D6+D7」と入力

品名	数量	単価	合計
タブレットPC	15	98,000	1,470,000
カラープリンター	5	8,200	41,000
ネットワークケーブル	20	1,050	21,000
	出精値引き		-50,000
	小計		1,482,000
	消費税		118,560
	合計		1,600,560

自動的に小計と消費税を足した金額が表示された

レッスン⓲を参考に「見積書」という名前を付けて文書を保存しておく

HINT! 関数と計算式は組み合わせて利用できる

このレッスンでは、いったん関数で合計値を算出してから、そのセルの値と消費税の0.08を掛けましたが、関数と計算式はフィールドコードの中で組み合わせて利用できます。
例えば、「{=SUM(ABOVE)*0.08}」という計算式を使えば、合計値に対する8%の数字を一度に算出できます。ただし、「=SUM(ABOVE)」は、上のセルの値をすべて合計するので、[小計]の項目が計算式を入力したセルの上に含まれているときは、正しい計算結果になりません。[小計]の行を削除して計算式を入力してください。

間違った場合は?

[計算式]ダイアログボックスに間違った計算式を入力してしまったときは、[!構文エラー :]と表示されます。その場合は、クイックアクセスツールバーの[元に戻す]ボタン()で取り消して、正しい計算式を挿入し直してください。

Point
座標の考え方や計算式の設定はExcelと同じ

Wordの表を使った計算式の設定や関数の働きは、基本的にはExcelと同じです。セルの座標は、左上を「A1」として、列(ABCD～)と行(1234～)の組み合わせを計算式で利用します。関数の種類はExcelほど多くはありませんが、四則演算のほか、合計を求めるSUM(サム)、平均のAVERAGE(アベレージ)、最大のMAX(マックス)や最小のMIN(ミニマム)などが利用できます。また、計算の対象にするセルの座標をすべて入力しなくても、「ABOVE」や「LEFT」といった関数を使えば、上すべてや左すべてのセルをまとめて指定できます。

この章のまとめ

●罫線と表の挿入を使い分ける

表を作成するには、ドラッグして罫線を引く方法と、列数や行数を指定して挿入する方法の2つがあります。行数や列数が多い表を作るときには、[挿入]タブの[表]ボタンから表の挿入を実行し、後から罫線の機能を使って線の種類や色を変えていくと、少ない手間で実用的な表を作成できます。また、Wordの表は、行の高さや列の幅を自由に調整できるだけでなく、追加や削除も簡単です。

そのため、はじめから行数と列数を厳密に考えておく必要はありません。表を作っていく途中で、その都度行数や列数を修正していけばいいのです。さらにWordでは、セルに入力されている数値を利用して合計などを計算できます。作成する書類や表の内容によっては、レッスン㊷のテクニックで紹介した方法で、表のデザインをまとめて変更してもいいでしょう。

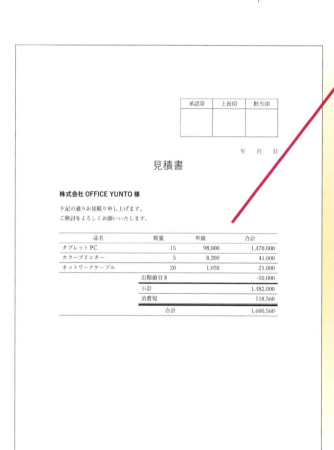

表の挿入と編集

ドラッグして罫線を引く方法とボタンで表を挿入して行や列を追加する方法があるので、内容や用途によって機能を使い分ける。罫線を削除したり、太さや種類を変更したりすることで表にメリハリを付けよう

練習問題

1

右のような表を作成してみましょう。
●ヒント　セルを結合させるには、[表ツール]の[レイアウト]タブにある[セルの結合]ボタンを使います。

ここでは「6行×2列」の表を作成する

ドラッグでセルを選択してから結合を実行する

2

練習問題1で作成した表の列の幅を変更してみましょう。ここではルーラーを表示して中央の罫線を[4]と[6]の間にドラッグします。同様に右端の罫線を[24]と[26]の間にドラッグしてください。
●ヒント　列の幅は、罫線をドラッグして変更できます。

中央の罫線を左側にドラッグする

同じく右端の罫線を左側にドラッグして列の幅を狭くする

答えは次のページ

解答

1

複数のセルを1つに結合するには、結合するセルをドラッグして選択してから［セルの結合］ボタンをクリックします。

2

列の幅を変更するには、罫線をドラッグします。表の右端の罫線を左側にドラッグすると、表全体の幅が狭くなります。

第6章 年賀状を素早く作成する

この章では、Wordで年賀状を作成します。用紙サイズの変更やワードアート、テキストボックスの機能を利用すれば、自分の思い通りに文面をレイアウトできます。また、ウィザードという設定機能を使って、あて名を印刷する方法も紹介します。

●この章の内容
- ㊺ はがきに印刷する文書を作ろう…………160
- ㊻ はがきサイズの文書を作るには…………162
- ㊼ カラフルなデザインの文字を挿入するには……………………164
- ㊽ 縦書きの文字を自由に配置するには…168
- ㊾ 写真を挿入するには……………………172
- ㊿ 写真の一部を切り取るには……………176
- ㋛ はがきのあて名を作成するには…………180

レッスン 45

はがきに印刷する文書を作ろう

はがき印刷

A4サイズの文書以外にも、はがきなどのいろいろな用紙サイズの文書を作成できます。また、[はがき宛名面印刷ウィザード]で、あて名のレイアウトを設定できます。

はがき文面の作成

はがきの文面を作るには、まず用紙サイズを[はがき]に設定します。このとき、ワードアートやテキストボックスを使うと、自由な位置に文字を配置できて便利です。また、デジタルカメラで撮影した写真を挿入してオリジナリティーのある年賀状を作ってみましょう。

▶キーワード

ウィザード	p.301
テキストボックス	p.305
はがき宛名面印刷ウィザード	p.306
フォント	p.307
ワードアート	p.309

用紙サイズを[はがき]に変更して、余白を変更する →レッスン㊻

◆ワードアート
Wordに用意されているカラフルな文字を挿入して、文字を書き換える →レッスン㊼

パソコンに保存してある写真を挿入して、配置や位置を変更する →レッスン㊾

写真を切り抜く →レッスン㊿

◆テキストボックス
テキストボックスを挿入して文字を入力する →レッスン㊽

年賀状を素早く作成する 第6章

160 できる

はがきあて名面の作成

［はがき宛名面印刷ウィザード］を使うと、官製はがきや年賀はがきなどに、郵便番号も含めて、きちんと住所を印刷できる文書を作成できます。

◆はがき宛名面印刷ウィザード

「ウィザード」って何？

「ウィザード」とは、画面に表示された選択肢を手順にしたがって選ぶだけで、複雑な設定などを簡単に行ってくれる機能です。［はがき宛名面印刷ウィザード］では、はがきの種類やフォントの種類、差出人の情報などを入力するだけで、あて名面の基盤となるものを作成できます。

はがきのあて名面を作成する
→レッスン㊶

直接はがきに印刷できる

レッスン 46

はがきサイズの文書を作るには

サイズ、余白

はがきの文面を作るときは、Wordのページ設定で、用紙サイズを指定します。「はがき」や「A6サイズ」を指定すると、編集画面の大きさが変わります。

1 用紙サイズを変更する

用紙をはがきの大きさに変更する

❶[レイアウト]タブをクリック

❷[サイズ]をクリック

❸ここを下にドラッグしてスクロール

❹[はがき]をクリック

注意 [サイズ]ボタンの一覧に表示される用紙サイズは、使っているプリンターの種類によって異なります

2 [ページ設定]ダイアログボックスを表示する

用紙をはがきの大きさに変更できた

余白を小さくする

❶[余白]をクリック

❷[ユーザー設定の余白]をクリック

▶キーワード

ダイアログボックス	p.304
プリンター	p.308
余白	p.309

HINT! 用意されている余白も選べる

余白は[余白]ボタンの一覧からも設定ができます。通常は[標準]に設定されていますが、手順2で、[狭い]や[やや狭い]を選択すると、文字や画像などを印刷する領域を簡単に変更できます。

HINT! 余白をマウスで設定するには

余白の数字をマウスで変更するには、手順3で[上][下][左][右]のボックスの右側にある をクリックします。クリックするごとに数字が1つずつ減ります。

手順3の画面を表示しておく

ここをクリックすると数字が1ずつ増える

ここをクリックすると数字が1ずつ減る

⚠ 間違った場合は?

余白に入力する数字を間違えたときは、Backspaceキーを押して削除し、入力し直してください。

年賀状を素早く作成する 第6章

③ 余白のサイズを変更する

[ページ設定] ダイアログボックスが表示された

❶ [上][下][左][右]に「15」と入力

ここではどのプリンターでも印刷できるように、余白を15ミリに設定する

❷ [OK]をクリック

④ 余白が変更された

余白が小さくなった

 余白のエラーメッセージが表示されたときは

「余白が印刷できない領域に設定されています。」というメッセージが表示されたら、[修正]ボタンをクリックして余白を修正してください。

 フチなし印刷を実行するには

「フチなし印刷」ができるプリンターの場合は、プリンターに付属の取扱説明書を参照して、あらかじめフチなし印刷の設定を選んでおくと、はがきの端から端まで印刷できます。ただし、フチなし印刷に対応した用紙を使う必要があります。また、プリンターでフチなし印刷を設定すると、[ページ設定]ダイアログボックスの設定が無効になる場合があります。

 ページ全体を表示するには

[表示]タブにある[1ページ]ボタンをクリックすると、1ページを画面いっぱいに表示できます。ページ全体のレイアウトを画面で確かめながら編集作業を行うときに便利です。

Point
余白を小さくすれば文面が広くなる

[ページ設定]ダイアログボックスで指定する余白のサイズは、文書の四隅にある「印刷しない部分」の大きさを表します。通常のページ設定では、余白が大きめに設定されています。はがきのように小さめの紙を有効に使うには、余白を小さくして、文面を広くした方がいいでしょう。また、設定できる余白の数字は、利用するプリンターによって異なります。一般的には、5〜10ミリが最小ですが、プリンターによっては0ミリに指定できます。プリンターの取扱説明書を確認して、余白を何ミリまで小さくできるかを調べておきましょう。

レッスン 47

カラフルなデザインの文字を挿入するには

ワードアート

「ワードアート」を使うと、標準の装飾とは違う、カラフルで凝ったデザインの文字を入力できます。ワードアートを使って、題字を入力してみましょう。

1 ワードアートのデザインを選択する

デザインを選んで、ワードアートを挿入する

❶ [挿入] タブをクリック
❷ [ワードアートの挿入] をクリック

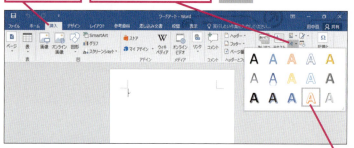

[ワードアート] の一覧が表示された

ここでは [塗りつぶし-白、輪郭-アクセント2、影(ぼかしなし)-アクセント2] を選択する

❸ [塗りつぶし-白、輪郭-アクセント2、影(ぼかしなし)-アクセント2] をクリック

▶キーワード

フォント	p.307
ワードアート	p.309

📄 **レッスンで使う練習用ファイル**
ワードアート.docx

💡 後からワードアートのデザインを変更するには

一度挿入したワードアートのデザインを後から変えるには、まず、ワードアートの文字をドラッグしてすべて選択します。次に、[描画ツール] の [書式] タブにある [クイックスタイル] ボタンをクリックしてワードアートのデザインを選び直します。なお、利用しているパソコンの解像度が高いときは [クイックスタイル] ボタンの代わりに [ワードアートスタイル] の [その他] ボタン()をクリックしてワードアートのデザインを選び直してください。

❶ ワードアートの文字を選択

❷ [描画ツール] の [書式] タブをクリック

❸ [クイックスタイル] をクリック
❹ 好みのデザインをクリック

2 ワードアートの文字を書き換える

ワードアートが挿入された

文字が選択された状態で内容を書き換える

「迎春」と入力

⚠ 間違った場合は?

手順2で入力する文字を間違えたときは、[Backspace] キーを押して削除し、正しい文字を入力し直しましょう。

年賀状を素早く作成する 第6章

③ ワードアートを縦書きに変更する

ワードアートの文字を縦書きに変更する

❶[描画ツール]の[書式]タブをクリック

❷[文字列の方向]をクリック

❸[縦書き]をクリック

④ [フォント]の一覧を表示する

ワードアートが縦書きになった

ワードアートの文字をすべて選択して、フォントを変更する

❶文字をドラッグして選択

❷[ホーム]タブをクリック

❸[フォント]のここをクリック

点線で表示されているワードアートの枠線をクリックしても、ワードアートの文字をすべて選択できる

 後から文字を修正するには

ワードアートで入力した文字を修正したいときには、ワードアートの枠内をクリックして、カーソルを表示します。通常の文字と同じように、文字の変更や削除・追加ができます。

 ワードアートの文字も斜体や下線などの装飾ができる

ワードアートで入力した文字は、通常の文字と同じく、フォントの種類やフォントサイズの変更、斜体や下線などの装飾も可能です。フォントの種類を変えると、ワードアートの見ためが大きく変わるので、いろいろなフォントを試してみるといいでしょう。

 入力済みの文字をワードアートに変更するには

以下の手順で操作すれば、編集画面に入力した文字をワードアートに変更できます。ただし、ワードアートにした文字は、編集画面から削除されて、テキストボックス内の文字になります。

❶文字をドラッグして選択

❷[挿入]タブをクリック

❸[ワードアート]をクリック

❹好みのデザインをクリック

文字がワードアートに変わった

次のページに続く

⑤ フォントを選択する

フォントの一覧が表示された

[HGP行書体]を
クリック

フォントにマウスポインターを合わせると、一時的に文字の種類が変わり、設定後の状態を確認できる

フォントサイズを変更するには

ワードアートのフォントサイズは、通常の文字と同じように変更できます。フォントサイズを変更する文字をドラッグして選択し、[ホーム]タブにある[フォントサイズ]で変更します。

文字をドラッグして選択しておく

❶[フォントサイズ]の
ここをクリック

❷フォントサイズを選択

ワードアートのフォントサイズが変更される

🖐 テクニック　内容や雰囲気に応じて文字を装飾しよう

ワードアートとしてテキストボックスの中に入力された文字は、[描画ツール]の[書式]タブにある[文字の効果]ボタンを使って、影や反射、光彩、ぼかしなど、多彩な装飾を設定できます。ワードアートの挿入後にさまざまな効果を試してみましょう。

❶文字をドラッグ
して選択

点線で表示されているワードアートの枠線をクリックしても、ワードアートの文字をすべて選択できる

❷[描画ツール]の[書式]タブを
クリック

❸[文字の効果]を
クリック

❹[光彩]にマウスポインターを合わせる

❺好みの効果を
クリック

効果にマウスポインターを合わせると、一時的に書式が変わり、設定後の状態を確認できる

⑥ ワードアートを移動する

- ワードアートのフォントが変更された
- ワードアートを移動する
- ❶テキストボックスの枠線にマウスポインターを合わせる
- マウスポインターの形が変わった

❷ここまでドラッグ

⑦ ワードアートが移動した

ワードアートを好みの位置に移動できた

ここをクリック　ワードアートの選択が解除された

HINT! ガイドを利用して配置を変更できる

ワードアートなどのオブジェクトをマウスでドラッグすると、ガイドが表示されます。ガイドを目安にして、ほかのオブジェクトと位置をそろえたり、水平や垂直位置のバランスを整えたりすることができます。

ワードアートなどのオブジェクトをドラッグすると、黄緑色のガイドが表示される

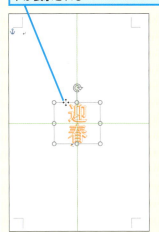

ページの中央にワードアートをドラッグすると、ガイドが十字に表示される

Point

ワードアートで文字をデザインする

ワードアートを使えば、立体感のあるカラフルな文字を入力できます。ワードアートを活用して、年賀状の題字のほか、ロゴやチラシのタイトル、見出しやマークなどを作ってみましょう。挿入したワードアートは、自由な位置に配置できますが、プリンターの印刷可能範囲をはみ出して配置してしまうと、その部分が印刷されないことがあるので注意してください。Wordに用意されているワードアートの数はそれほど多くありませんが、フォントや書式、効果を変えることで、さまざまな印象の文字にできます。

レッスン 48

縦書きの文字を自由に配置するには
縦書きテキストボックス

縦書きテキストボックスを使うと、文書全体を縦書きに設定しなくても、縦書きの文章を挿入できます。縦書きテキストボックスを使って、文面を入力してみましょう。

1 テキストボックスの種類を選択する

❶ [挿入] タブをクリック
❷ [テキストボックス] をクリック

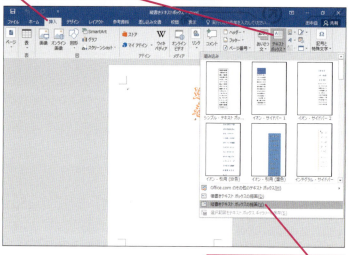

❸ [縦書きテキストボックスの描画] をクリック

▶ キーワード

オブジェクト	p.301
改行	p.301
縦書きテキストボックス	p.305
テキストボックス	p.305
ハンドル	p.307
フォント	p.307

📄 レッスンで使う練習用ファイル
縦書きテキストボックス.docx

ショートカットキー

Ctrl + A ……… すべて選択
Ctrl + E ……… 上下中央揃え

HINT! テキストボックスを移動するには

テキストボックスを移動するには、まずテキストボックスを選択します。それから点線で表示されているテキストボックスの枠線をクリックして、テキストボックス全体を選択します。テキストボックスの枠線が直線で表示されている状態で枠線をクリックして、そのままドラッグしてください。

❶ 枠線にマウスポインターを合わせる

❷ ここまでドラッグ
テキストボックスが移動する

2 テキストボックスの大きさを指定する

❶ ここにマウスポインターを合わせる
マウスポインターの形が変わった

❷ ここまでドラッグ
ドラッグすると、テキストボックスのサイズが灰色の枠線で表示される

年賀状を素早く作成する 第6章

❸ 文字を入力する

縦書きのテキストボックスが作成された

テキストボックスに以下の文字を入力

新年あけましておめでとうございます↵
↵
旧年中は大変お世話になりました↵
本年も何卒よろしくお願い申し上げます↵
↵
平成二十八年　元旦

テキストボックスが小さ過ぎて文字が入りきらないときは、ハンドルをドラッグしてサイズを変更する

❹ フォントを変更する

文字を入力できた

❶入力した文字をドラッグして選択

テキストボックス内にカーソルがあれば、Ctrl+Aキーを押してもいい

❷レッスン㉔を参考に［フォント］を［HGS行書体］に変更

HINT! テキストボックスのサイズをドラッグで変更するには

テキストボックスのサイズは、ハンドル（□）をドラッグして変更できます。テキストボックスを大きくすると、その分文字を多く入力できます。

❶ハンドルにマウスポインターを合わせる

❷ここまでドラッグ

テキストボックスのサイズが変更される

間違った場合は？

手順1で［縦書きテキストボックス］以外の図形やテキストボックスを挿入してしまったときは、クイックアクセスツールバーの［元に戻す］ボタン（↶）をクリックして挿入を取り消すか、オブジェクトをクリックし、Deleteキーを押して削除します。その上で、手順1から操作をやり直しましょう。

次のページに続く

❺ 文字の配置を変更する

ここでは、「平成二十八年　元旦」の文字を
テキストボックスの上下中央に配置する

配置を変更する行に
カーソルを移動する

❶ここをクリックして
カーソルを表示

❷[ホーム]タブをクリック　❸[上下中央揃え]をクリック

❻ テキストボックスを選択する

「平成二十八年　元旦」の文字がテキスト
ボックスの上下中央に配置された

❶テキストボックスの枠線に
マウスポインターを合わせる

マウスポインターの
形が変わった

❷そのまま
クリック

💡 テキストボックスの中でも文字の配置を変更できる

テキストボックスの中は、小さな編集画面と同じです。そのため、目的の行をクリックしてカーソルを移動すれば、文字の配置を変更できます。レッスン㉑で解説したように、文字の配置は「改行の段落記号（↵）を含む1つの段落」に対して設定されることを覚えておきましょう。また、手順5では縦書きの状態で配置を変更しますが、縦書きの文字の場合は[ホーム]タブの[中央揃え]ボタンが自動で[上下中央揃え]ボタンに変わります。

💡 複数のテキストボックスを選択するには

複数のテキストボックスに対し、書式の設定や移動をまとめて行うときは、Shiftキーを押しながらテキストボックスの枠線をクリックして、1つずつ選択していきます。

💡 テキストボックスの枠線の状態を確認しよう

テキストボックスの枠線は、文字の入力中とそうでないときで表示が変わります。下の2つの画面は、枠線が[線なし]の状態ですが、テキストボックスに文字を入力しているときは、枠線が点線で表示されます。右の画面のように、テキストボックスの枠線をクリックした状態だと、テキストボックス自体が選択され、枠線が直線で表示されます。右の状態で方向キーを押すと、テキストボックスが移動するので気を付けましょう。

文字の入力中は枠線が点線で表示される	枠線をクリックすると、枠線が直線で表示される

7 テキストボックスの枠線を［線なし］にする

テキストボックスの枠線に設定されている色を「なし」にする

❶［描画ツール］の［書式］タブをクリック

❷［図形の枠線］をクリック

❸［線なし］をクリック

マウスポインターを合わせると設定後の状態が表示される

8 テキストボックスの枠線が［線なし］になった

テキストボックスの枠線の色が表示されなくなった

余白部分をクリックして、テキストボックスの選択を解除しておく

テキストボックスに色や効果を設定できる

テキストボックスは、図形のように枠や内部に色を付けたり、テキストボックス全体に影を付けるなどの装飾ができます。

［描画ツール］の［書式］タブにある［図形の塗りつぶし］で色を付けられる

［描画ツール］の［書式］タブにある［図形の効果］で視覚効果を設定できる

間違った場合は？

手順7で［図形の種類］ボタンの左をクリックしてしまうと、色の一覧が表示されず、図形の枠線が［青、アクセント1］などの色に設定されます。クイックアクセスツールバーの［元に戻す］ボタンをクリックして、操作をやり直しましょう。

Point

テキストボックスで文字を自由に配置できる

テキストボックスは、文字の方向に合わせて縦と横の2種類が用意されています。テキストボックスを使えば、ページの自由な位置に文章を挿入できます。ただし、プリンターの印刷可能範囲をはみ出して配置してしまうと、その部分が印刷されないことがあるので注意しましょう。手順7ではテキストボックスの枠線の色を表示しないように［線なし］に設定して自然な文章として印刷されるようにしています。

レッスン 49

写真を挿入するには

画像、前面

デジタルカメラの写真やスキャナーで取り込んだ画像を文書に挿入できます。ここでは、自由な位置に写真を移動できるように配置方法を［前面］に設定します。

1 ［図の挿入］ダイアログボックスを表示する

ここでは、本書の練習用ファイルを利用する

画像を挿入する位置をクリックして、カーソルを表示しておく

❶ ［挿入］タブをクリック

❷ ［画像］をクリック

▶キーワード

オンライン画像	p.301
ダイアログボックス	p.304
ハンドル	p.307
文字列の折り返し	p.308

 レッスンで使う練習用ファイル

画像、前面.docx/photo_001.jpg

 挿入場所をきちんと指定しよう

画像ファイルは、カーソルのある位置に挿入されます。挿入した画像は、後で自由に移動できますが、あらかじめ画像を表示したい場所が決まっているならば、事前にクリックしてカーソルを表示しておきましょう。

 あらかじめ特定のフォルダーに写真を保存しておこう

このレッスンでは、練習用ファイルの写真を使いますが、実際に自分で撮影したオリジナルの写真を使うときには、あらかじめどこかのフォルダーに整理しておくと便利です。通常は、［ピクチャ］フォルダーに画像ファイルをまとめておくと、後から探しやすいでしょう。もしも、画像ファイルの数が多くなるようであれば、［ピクチャ］フォルダーの中に新しいフォルダーを作って、目的に合わせて分類しておくと、さらに整理が楽になります。

 間違った場合は？

手順1で［オンライン画像］ボタンをクリックしてしまったときは、インターネットにある画像を検索できる［画像の挿入］の画面が表示されます。［閉じる］ボタンをクリックして操作をやり直しましょう。

2 画像があるフォルダーを選択する

❶ ［ドキュメント］をクリック

Windows 7では、［ライブラリ］の中の［ドキュメント］をクリックする

❷ ［3920］をダブルクリック

③ フォルダー内の画像を表示する

第6章のデータがある[06syo]フォルダーを開く

[06syo]をダブルクリック

④ 写真を挿入する

❶[photo_001]をクリック

❷[挿入]をクリック

HINT! サムネイルの表示サイズを変更するには

[図の挿入]ダイアログボックスに表示される写真の縮小画像（サムネイル）は、[その他のオプション]ボタン（▼）をクリックして、スライダーをマウスでドラッグすると、大きさを変更できます。サムネイルが小さくて見づらいときには、[大アイコン]や[特大アイコン]などに設定すると確認が楽になります。

[図の挿入]ダイアログボックスを表示しておく

[その他のオプション]をクリック

スライダーを上下にドラッグして、サムネイルの大きさを変更できる

HINT! 写真をプレビューウィンドウに表示するには

[図の挿入]ダイアログボックスで、[プレビューウィンドウを表示します。]ボタン（▣）をクリックすると、右側に選んだ画像ファイルのプレビューが表示されます。プレビューで表示されている画像を大きくしたいときは、[図の挿入]ダイアログボックスの右下や右端にマウスポインターを合わせてドラッグし、サイズを大きくしましょう。

次のページに続く

⑤ 写真を選択する

カーソルがあった1行目に写真が配置されたので、テキストボックスやワードアートと重なってしまった

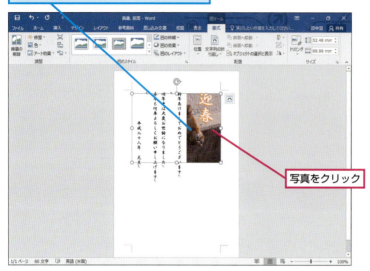

写真をクリック

HINT! 挿入直後の写真は自由に移動できない

写真の挿入を実行すると、カーソルの位置に写真が配置されます。ExcelやPowerPointと違い、Wordでは挿入直後の位置が行単位（［行内］）になります。この配置方法の機能をWordでは「文字列の折り返し」と呼びます。このレッスンでは、写真を自由に移動できるようにしたいので、手順6で配置方法を［行内］以外に設定します。

HINT! インターネット上にある画像も挿入できる

［挿入］タブの［オンライン画像］ボタンをクリックすると、［画像の挿入］の画面が表示されます。［Bingイメージ検索］にキーワードを入力して［検索］ボタンをクリックすると、インターネット上にある画像が表示されます。サムネイルを選択して［挿入］ボタンをクリックすると画像が挿入されます。ただし、画像選択時に画面左下に表示されるURLをクリックして出典元のWebページを表示し、画像の著作権や商用利用の可否、再配布が可能かどうかをよく確認しましょう。

［Bingイメージ検索］を利用すれば、キーワードを入力してインターネット上にある画像を挿入できる

サムネイルをクリックしてから出典元のURLをブラウザーで開き、著作権や利用に関する注意をよく確認する

⑥ 写真の配置を変更する

写真を移動できるように文字列の折り返しを［行内］から［前面］に変更する

❶［図ツール］の［書式］タブをクリック

❷［文字列の折り返し］をクリック

❸［前面］をクリック

項目にマウスポインターを合わせると、一時的に配置方法が変わり、設定後の状態を確認できる

⚠ 間違った場合は?

手順6で［前面］以外をクリックしてしまったときは、クイックアクセスツールバーの［元に戻す］ボタン（）をクリックして取り消し、操作をやり直してください。

テクニック 写真と文字の配置方法を覚えておこう

文書に画像を挿入すると、周りの文字が画像に重ならないような状態で表示されます。画像の挿入直後に適用されるこの配置方法は、画像全体を1つの大きな文字のようにレイアウトする［行内］という設定です。また、Wordで文字と画像の配置方法を変える機能が［文字列の折り返し］で、［行内］のほか右の表の項目が用意されています。大きな画像を挿入して、行間が開きすぎてしまうと、文章が読みにくくなるので、文字列の折り返しを［行内］以外に設定して、画像と文字の配置方法を変更しておきましょう。

それぞれの項目の設定内容がイメージできないときは、［図ツール］の［書式］タブにある［文字列の折り返し］ボタンをクリックして表示される項目にマウスポインターを合わせてみてください。画像に対し、文字がどのように折り返されるのかがリアルタイムプレビューで表示されます。

● ［文字列の折り返し］の項目と設定内容

項目	設定内容
四角	画像の四方を囲むように文字が折り返される
外周	画像の形に合わせて文字が折り返される
内部	画像と文字が重なって表示される。画像が小さいときは、文字が重ならずに四角く折り返されることもある
上下	画像の上下に文字が表示される。［行内］と違い、画像と文字が同じ行に表示されることはない
背面	文字の背面に画像が重ねて表示される。画像は文字の背後に表示されるので、文字が隠れずに読める
前面	文字の前面に画像が表示される。画像が文字を隠すので、背後の文字が読めなくなるが画像を自由な位置に移動できる

7 写真を移動する

配置が変更され、写真が移動できるようになった

❶写真にマウスポインターを合わせる

マウスポインターの形が変わった

❷ここまでドラッグ

思い通りの位置に写真を移動できた

余白部分をクリックして写真の選択を解除しておく

HINT! 写真の大きさをドラッグで変更するには

ハンドル（○）にマウスポインターを合わせてドラッグすると、写真の大きさを変更できます。

四隅のハンドルをドラッグすると、縦横比を保ったまま写真の大きさを変更できる

Point オリジナルの写真で楽しいはがきを作ろう

このレッスンで紹介した［前面］の配置方法を利用すれば、文字列と関係なく自由な位置に画像ファイルを移動できるようになります。複数の画像ファイルを文書に挿入するときは、いったんすべて［前面］に設定し、大きさを変更するといいでしょう。写真をクリックして選択し、［図ツール］の［書式］タブにある［背面へ移動］ボタンや［前面へ移動］ボタンをクリックすれば、写真の前後関係を変更できます。

レッスン 50

写真の一部を切り取るには

トリミング

「文書に挿入した写真の一部分だけを使いたい」というときは、[トリミング]ボタンを使いましょう。ハンドルをドラッグして写真の表示範囲を変更できます。

▶ このレッスンは動画で見られます **操作を動画でチェック！** ※詳しくは25ページへ

▶ **キーワード**

トリミング	p.306
ハンドル	p.307

📄 **レッスンで使う練習用ファイル**
トリミング.docx

1 トリミングのハンドルを表示する

写真の上下左右の不要な部分を切り取る

❶写真をクリックして選択
❷[図ツール]の[書式]タブをクリック
❸[トリミング]をクリック

HINT! 図形で写真を切り取るには

以下の手順で操作すれば、図形で写真を切り取れます。写真の表示位置を変えるには[トリミング]ボタンの上部をクリックし、写真をドラッグしましょう。トリミングのハンドルをドラッグすれば、図形の大きさを変更できます。

写真を選択しておく

❶[トリミング]をクリック
❷[図形に合わせてトリミング]にマウスポインターを合わせる
❸好みの図形をクリック

[トリミング]をクリックして写真をドラッグすれば、写真の表示位置を変更できる

2 写真の切り取り範囲を確認する

ハンドルの形が変わった

切り取り範囲を確認

⚠ 間違った場合は？

手順1で[表示]タブをクリックしてしまうと[トリミング]ボタンが表示されません。再度[図ツール]の[書式]タブをクリックしてください。

③ 切り取り範囲を指定する

❶ハンドルにマウスポインターを合わせる

マウスポインターの形が変わった

❷ここまでドラッグ

切り取られて非表示になる範囲は、黒く表示される

④ 写真の下部を切り取る

写真の一部が切り取られた

手順3を参考にして、写真の下部を切り取る

トリミングのハンドルが表示されているときに写真をドラッグすると、表示位置を変更できる

写真の効果を変更するには

[図ツール]の[書式]タブにある[アート効果]ボタンで写真の効果を選択できます。効果にマウスポインターを合わせると、設定後の効果が一時的に編集画面の写真に表示されます。写真に合わせて効果を設定してみましょう。

❶写真をクリックして選択

❷[図ツール]の[書式]タブをクリック

❸[アート効果]をクリック

一覧から効果を選択できる

次のページに続く

❺ 切り取り範囲を確定する

切り取りの操作を終了し、切り取り範囲を確定する

[トリミング]をクリック

❻ 写真の位置を調整する

写真の一部が切り取られた

写真をドラッグして位置を調整

必要に応じて、自分の住所や連絡先をテキストボックスで入力しておく

HINT! 後からでも切り取り範囲を変更できる

写真のトリミングを解除するとハンドルの形が に戻り、マウスのドラッグ操作でサイズを調整できるようになります。なお、切り取りを実行しても表示されないだけで、写真のデータがなくなったわけではありません。[図ツール]の[書式]タブにある[トリミング]ボタンをクリックしてハンドルをドラッグし直せば、切り取り範囲を設定し直せます。

❶画像をクリック

❷[図ツール]の[書式]タブをクリック

❸[トリミング]をクリック

ハンドルをドラッグして写真の切り取り範囲を設定し直せる

Point 写真を切り取って必要な部分だけを使う

トリミングは、写真の不要な部分を表示しないようにする機能です。トリミングを利用すれば、写真に写り込んだ余計な被写体を隠して、写真の内容やテーマを強調できます。[トリミング]ボタンをクリックすれば、何度でも切り取り範囲を変更できるので、納得のいく仕上がりになるように切り取りを行いましょう。

テクニック 写真の背景だけを削除できる

写真の背景を削除するには、［背景の削除］の機能を利用しましょう。写真の選択後に［背景の削除］ボタンをクリックすると、削除領域と判断された部分が紫色で表示されます。また、ハンドルが付いた枠線も表示されますが、枠線の外にある領域は写真から削除されます。被写体の一部が枠の外にはみ出ているときは、ハンドルをドラッグして選択範囲を変更しましょう。さらに、［削除する領域としてマーク］ボタンをクリックして、写真に⊖のマークを付けます。⊖のマークが付いた部分が紫色で表示されます。逆に［保持する領域としてマーク］ボタンで写真に⊕のマークを付けた部分が残す領域となります。削除する領域と残す領域がうまく指定できないときは、ズームスライダーを利用して画面の表示を拡大しましょう。しかし、背景が複雑な写真や被写体が小さ過ぎる写真、被写体と背景の輪郭がはっきりしない写真の場合は、きれいに背景を削除できません。できるだけ背景が同じ色で、複雑でない写真で試してみるといいでしょう。

1 ［背景の削除］タブを表示する

写真を選択して、表示倍率を変更しておく

❶［図ツール］の［書式］タブをクリック

❷［背景の削除］をクリック

2 選択範囲を変更する

［背景の削除］タブが表示された

写真の内容が自動的に判断され、削除する領域が紫色で表示された

被写体の範囲が自動的に判断されて枠線で囲まれた

ハンドルをドラッグして選択範囲を調整

3 削除する領域にマイナスのマークを付ける

削除する領域を指定する

❶［削除する領域としてマーク］をクリック

マウスポインターの形が変わった

❷写真をクリックして削除する領域を選択

必要な領域が削除対象になっているときは、［保持する領域としてマーク］を選択して、残す領域をクリックする

4 選択した領域を削除する

［変更を保持］をクリック

5 背景が削除された

写真の背景が削除された

削除をやり直したいときは、［背景の削除］タブを表示して操作する

削除された部分は白で塗りつぶされる

レッスン 51

はがきのあて名を作成するには

はがき宛名面印刷ウィザード

［はがき宛名面印刷ウィザード］を使うと、市販の通常はがきや年賀はがきなどに、あて名や自分の郵便番号と住所を正しい位置で印刷できるようになります。

1 ［はがき宛名面印刷ウィザード］を表示する

ここでは、練習用ファイルを利用せずに操作を進める

❶［差し込み文書］タブをクリック

❷［はがき印刷］をクリック

❸［宛名面の作成］をクリック

2 ［はがき宛名面印刷ウィザード］が表示された

新しい文書が開いた

［はがき宛名面印刷ウィザード］の指示にしたがって、あて名面を作成していく

［次へ］をクリック

▶ キーワード

ウィザード	p.301
カーソル	p.301
改行	p.301
ダイアログボックス	p.304
縦書き	p.305
テキストボックス	p.305
はがき宛名面印刷ウィザード	p.306
フォント	p.307
文書	p.308

HINT! カーソルを表示してから操作する

［はがき印刷］ボタンは、カーソルが編集画面にあるときに利用できます。テキストボックスなどが選択されているときは、［はがき印刷］ボタンを選択できません。余白部分などをクリックしてから操作を進めましょう。

HINT! はがきのあて名は新しい文書に作られる

手順1の操作を行うと、新しい文書が自動的に作成されます。［はがき宛名面印刷ウィザード］で作成したはがきのあて名面は、このレッスンの完了後に保存しておきましょう。

年賀状を素早く作成する 第6章

③ はがきの種類を選択する

④ あて名面の文字の向きを選択する

⑤ あて名面の文字のフォントを選択する

印刷できるはがきの種類

［はがき宛名面印刷ウィザード］で印刷できるはがきの種類は、年賀はがきのほかに、通常はがきや往復はがき、エコーはがきがあります。

年賀状以外のはがきにも印刷できる

縦書きのあて名は住所の数字が自動的に漢数字になる

手順4であて名を縦書きにすると、手順6や手順11で入力する住所の数字は、自動的に漢数字に変換されます。このレッスンでは、手順5であて名や差出人で利用するフォントを［HG正楷書体-PRO］に変更して、見栄えのする漢数字になるように調整しています。手順5で［宛名住所内の数字を漢数字に変換する］と［差出人住所内の数字を漢数字に変換する］にチェックマークが付いていないときは、住所内の数字が漢数字に変換されません。

間違った場合は？

印刷するはがきの種類を間違えたときは、［戻る］ボタンをクリックして前に戻り、正しい種類を選び直しましょう。

次のページに続く

⑥ 差出人情報を入力する

差出人の名前や住所などを入力する

❶ あて名面に印刷する差出人（自分）の情報を入力

❷ ［次へ］をクリック

HINT! ［Tab］キーを使うとカーソルが次の項目に移動する

手順6では、差出人となる自分の名前や郵便番号、住所などを入力します。このとき、文字の入力後に［Tab］キーを押すとすぐに次の項目にカーソルが移動するので便利です。なお、［Shift］＋［Tab］キーを押すと前の項目にカーソルが移動します。

⑦ 差し込み印刷機能の使用の有無を指定する

ここでは、差し込み印刷の機能を利用しない

❶ ［使用しない］をクリック

❷ ［次へ］をクリック

HINT! 専用の文書にあて名や住所を入力できる

手順7で［標準の住所録ファイル］を選択して［完了］ボタンをクリックすると、［ドキュメント］フォルダーに［My Data Sources］というフォルダーが作成されます。このとき、手順9のようにはがきのあて名面が表示されますが、文書を保存せずに閉じましょう。次に［My Data Sources］フォルダーを開いて「Address20」という文書をWordで表示します。［氏名］［連名］［敬称］［会社］［部署］などの項目名が表示された表が表示されたら、2行目から必要な項目を入力します。［郵便番号］列には「102-0051」というように半角の「-」（ハイフン）で数字を区切り、「〒」などの文字を入力しないようにします。文字が見にくいときは、ズームスライダーを利用して画面の表示サイズを大きくしましょう。

1件目の入力が終わったら、表の右端にある改行の段落記号（↵）をクリックし、［Enter］キーを押します。表への入力が完了したら、「Address20」を上書き保存して閉じます。次に180ページの手順1から同様の操作を行い、手順7で［標準の住所録ファイル］を選んで操作を進めます。「Address20」の表に入力したあて名がはがきのあて名面に表示されます。

⑧ ［はがき宛名面印刷ウィザード］を終了する

［はがき宛名面印刷ウィザード］のすべての設定が完了した

［完了］をクリック

⑨ 差出人の住所が表示された

- 自動的に新しい文書にあて名面が作成された
- 手順6で入力した差出人の情報が表示された

⑩ [宛名住所の入力] ダイアログボックスを表示する

❶ [はがき宛名面印刷] タブをクリック

❷ [宛名住所の入力] をクリック

HINT! 差出人を連名にするには

差出人の名前を連名にしたいときは、テキストボックスを直接編集します。このレッスンの例では、「西田由紀夫」の文字の下に表示されている改行の段落記号（↵）をクリックし、Enterキーを押して改行します。連名を入力したら、差出人と連名の2行を選択して［ホーム］タブの［均等割り付け］ボタン（）をクリックします。2行が選択されている状態で［下揃え］ボタン（）をクリックし、差出人と連名にそれぞれ全角の空白を入力して字間を調整しましょう。

- 連名の入力後に差出人と連名の均等割り付けを解除して、文字を下に配置する

- 差出人と連名にそれぞれ全角の空白を入力する

HINT! あて名は編集画面でも修正できる

はがきのあて名は、テキストボックスに入力されているので、文字を直接修正できます。手順11では［宛名住所の入力］ダイアログボックスにあるあて名や住所を入力しますが、手順12の画面でもあて名や住所を修正できます。

51 はがき宛名面印刷ウィザード

次のページに続く

あて名を入力する

[宛名住所の入力] ダイアログボックスが表示された

❶ 送付先の名前や住所を入力

❷ [OK] をクリック

 はがきをセットする向きに注意しよう

あて名を印刷するときは、プリンターにセットするはがきの面と向きに注意しましょう。間違った面と向きにセットすると、郵便番号やあて名が正しく印刷されません。はがきサイズの用紙で試し刷りをしてから、はがきに印刷するといいでしょう。

プリンターの取扱説明書を参照して、セットする向きを間違えないようにする

はがきサイズの用紙で試し刷りをしてあて名面と文面、郵便番号欄が上か下かをよく確認する

送付先の情報が表示された

あて名を入力できた

手順11で入力した送付先の名前や住所が表示された

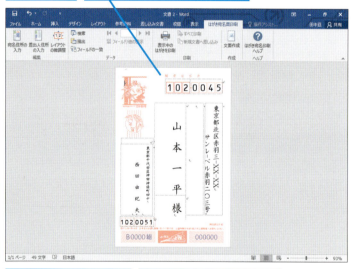

はがきの面と向きに注意しながら、レッスン㉙を参考に印刷する

必要に応じて「年賀状(あて名面)」といった名前を付けて文書を保存しておく

Point

ウィザードを使えば、あて名面が簡単に作れる

[はがき宛名面印刷ウィザード] を使うと、入力したあて名をはがきのイメージで表示し、通常はがきや年賀はがきに合わせて住所を印刷できます。あて名を入力した文書は、通常の文書と同じように、1件ずつ名前を付けて保存し、印刷します。「差し込み印刷」の機能を使えば、住所録を作成して、そこからあて名を選んで、連続して印刷することもできます。その場合は、手順7の画面で [標準の住所録ファイル] を選びます。「標準の住所録ファイル」はWord文書なので、罫線表の編集と同じ要領で住所録を作成できます。

テクニック Excelのブックに作成した住所録を読み込める

Excelで住所録ファイルを作成し、あて名面に表示するには、[はがき宛名面印刷ウィザード]を実行して、182ページの手順7の画面で[標準の住所録ファイル]を選びます。[ファイルの種類]に[Microsoft Excel]を指定して[完了]ボタンをクリックすると、[ドキュメント]フォルダーに[My Data Sources]フォルダーが作成されます。[テーブルの選択]ダイアログボックスが画面に表示されるので、[OK]ボタンをクリックしましょう。いったんあて名面が表示された文書を閉じ、[My Data Sources]フォルダーの[Address20]をExcelで開きます。あて名や住所を入力して保存し、[Address20]のブックを閉じたら、Wordで再度180ページの手順1から操作します。手順7で[標準の住所録ファイル]の[ファイルの種類]に[Microsoft Excel]が選択されていることを確認し、[完了]ボタンをクリックしてください。

1 1回目のウィザードでExcelの住所録ファイルを選択する

手順1～手順6を参考に[はがき宛名面印刷ウィザード]を手順7の画面まで進めておく

❶ [標準の住所録ファイル]をクリック
❷ ここをクリックして[Microsoft Excel]を選択
❸ [完了]をクリック

2 差し込み印刷に利用するワークシートを指定する

[テーブルの選択]ダイアログボックスが表示された
ここでは特に設定などは行わない
[OK]をクリック

3 あて名が作成された文書を閉じる

❶ [閉じる]をクリック

文書の保存を確認するメッセージが表示された
❷ [保存しない]をクリック

4 2回目のウィザードでExcelの住所録ファイルを選択する

[My Data Sources]フォルダーにある[Address20]のブックを開き、あて名や住所を入力して上書き保存しておく

Wordを起動し、手順1～手順6を参考に[はがき宛名面印刷ウィザード]を手順7の画面まで進めておく

❶ [標準の住所録ファイル]をクリック
[ファイルの種類]が[Microsoft Excel]になっていることを確認する
❷ [完了]をクリック

[テーブルの選択]ダイアログボックスが表示された
❸ [OK]をクリック

5 住所録が読み込まれた

[Address20]のブックに入力したあて名や住所があて名の文書に表示された

[次のレコード]や[前のレコード]をクリックすれば、次の住所や前の住所を表示できる

この章のまとめ

●自分だけのオリジナルはがきを作成できる

この章では、年賀状の例を通して、はがきの文面とあて名面を作成する方法を紹介しました。はがきの文面を作るのに一番大切なことは、文字や写真を挿入する前に用紙サイズを［はがき］に設定することです。用紙サイズが［はがき］以外の設定で操作を始めてしまうと、題字やメッセージの文字、写真などを思い通りにレイアウトできなくなってしまうことがあります。ワードアートで書式が設定された文字をすぐに挿入する方法やテキストボックスでページの自由な位置に文字を配置する方法も紹介しましたが、これらの機能ははがきの文面だけでなく、さまざまな文書を作るときに役立ちます。作成する文書に応じてこの章で紹介した機能を活用するといいでしょう。また、Wordを利用すれば、写真の挿入や加工も簡単です。写真の切り取りやサイズ変更などを行い、印象に残る写真に仕上げてみましょう。手書きの年賀状も風情がありますが、Wordを利用すればデザイン性の高いオリジナルのはがきを簡単に作れます。

はがきの作成

ワードアートやテキストボックス、写真の挿入や編集などの機能を使えば、デザイン性の高いオリジナルのはがきを作れる

練習問題

1

Wordの起動後に白紙の文書を表示し、[余白]ボタンからはがき用の用紙設定をしてみましょう。

●ヒント　用紙サイズや余白を一度に変えるには、[ページ設定]ダイアログボックスを使います。

用紙サイズを[はがき]にして、[上]と[下]の余白を[10]、[左]と[右]の余白を[15]に設定する

2

ワードアートを使って、以下のような文字を挿入してください。

●ヒント　ワードアートは[挿入]タブから挿入します。

[塗りつぶし-白、輪郭-アクセント2、影(ぼかしなし)-アクセント2]というワードアートを選び、「忘年会」と入力する

答えは次のページ

解 答

1

❶ [レイアウト] タブをクリック
❷ [余白] をクリック
❸ [ユーザー設定の余白] をクリック

[ページ設定] ダイアログボックスが表示された

❹ [用紙] タブをクリック
❺ [用紙サイズ] のここをクリック
❻ [はがき] をクリック

❼ [余白] タブをクリック
❽ [上] と [下] に「10」、[左] と [右] に「15」と入力
❾ [OK] をクリック

用紙サイズや余白を一度で変えるには、[ページ設定] ダイアログボックスを使います。なお、設定できる内容は、利用するプリンターによって異なります。

2

❶ [挿入] タブをクリック
❷ [ワードアート] をクリック
❸ [塗りつぶし-白、輪郭-アクセント2、影（ぼかしなし）-アクセント2] をクリック

[挿入] タブの [ワードアート] ボタンをクリックし、まず好みのデザインを選びましょう。それからワードアートの文字を書き換えます。

ワードアートが表示された

❹ 「忘年会」と入力
❺ ワードアートを好みの位置に移動

第7章 文書のレイアウトを整える

この章では、段組みや点線のリーダー文字、絵柄を利用したページ罫線などの機能を活用してデザイン性が高く、読みやすい文書を作成します。これまでの章で解説してきた機能と組み合わせることで、より装飾性の高い文書を作り出せます。

●この章の内容
- ㊾ 読みやすい文書を作ろう……………………………190
- ㊿ 文書を2段組みにするには……………………………192
- ○54 設定済みの書式をコピーして使うには………194
- ○55 文字と文字の間に「……」を入れるには……198
- ○56 ページの余白に文字や図形を入れるには……202
- ○57 ページ全体を罫線で囲むには……………………206
- ○58 文字を縦書きに変更するには……………………208

レッスン 52 読みやすい文書を作ろう
段組みの利用

紙面の文字をすっきりと読ませるには、レイアウトやデザインを工夫すると効果的です。読みやすいレイアウトやデザインにするためのポイントを解説していきます。

段組みを利用した文書

Wordには、文書を読みやすくするためのレイアウトやデザインの機能が豊富に用意されています。この章ではメニュー表を作成しますが、1ページにたくさんの文字を収め、項目を見やすくするために文書を2段組みに設定します。通常Wordでは文書が1段組みの状態になっています。2段組みに設定すると印刷できる行数はそのままで段落を分けられます。ただし、1行ごとの文字数は少なくなります。なお、この章では[表示]タブの[1ページ]ボタンをクリックした状態で操作を進めます。

▶キーワード

オートコレクト	p.301
罫線	p.303
縦書き	p.305
段組み	p.305
段落	p.305
文書	p.308
ページ罫線	p.308
余白	p.309
リーダー線	p.309

文字が入力されている文書を2段組みに設定する
→レッスン㊽

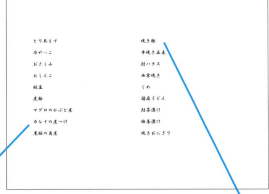

1ページに収まる行数のときは、複数ページが1ページに変わる

文書全体に2段組みを設定すると、ページに設定されている行数で段落が2段目に送られる

文書を見やすくする機能

レッスン㉞以降は文書の見ためをアップさせるためのテクニックも紹介します。下の例のようにメニュー項目の書式を変更し、その書式をほかの文字にコピーします。また、食べ物と値段の間に「……」のリーダー線を挿入して項目の関連がひと目で分かるようにします。余白に店のロゴとなる文字を入力し、罫線でページ全体を縁取ればメニュー表の完成です。さらにレッスン㊽では、文字の方向を変えたメニュー表も作ります。

読みやすい文書とは

チラシや貼り紙のような文書は、人目を引くためのさまざまな工夫が凝らされています。特に考えられているのが、文字の読みやすさです。一般的に、新聞や雑誌では1行の長さが10文字から20文字前後になっています。なぜなら、1行の文字数が多いと、目で追いながら読むのが困難になるからです。

レッスン 53

文書を2段組みにするには

段組み

用紙全体に段組みを設定すると、文字が読みやすくなります。このレッスンでは、レイアウトを2段組みに変更して、読みやすい位置に段区切りを挿入します。

▶キーワード

オートコレクト	p.301
段組み	p.305
編集記号	p.308

レッスンで使う練習用ファイル
段組み.docx

1 段組みを設定する

レッスン❸を参考に、ズームスライダーの[拡大]をクリックして、表示倍率を[80%]に設定しておく

ここでは文書全体を2段組みに設定する

❶[レイアウト]タブをクリック
❷[段組み]をクリック

❸[2段]をクリック

HINT! 文章の途中から段組みを設定するには

文書全体ではなく、部分的に段組みを設定するには、段組みにする段落だけをドラッグで選択し、[レイアウト]タブにある[段組み]ボタンをクリックして、段数を設定します。

HINT! 段区切りを削除するには

段区切りを削除するには、以下の手順で編集記号を表示して、選択してから Delete キーを押します。

❶[ホーム]タブをクリック

❷[編集記号の表示/非表示]をクリック

[段区切り]が表示された
❸[段区切り]をダブルクリック

❹ Delete キーを押す

⚠ 間違った場合は?

[段組み]ボタンの一覧から[2段]以外を選んでしまったときは、同様の操作で[2段]を選び直します。

2 段区切りを挿入する

文書全体が2段組みになった

「焼き物」以降のメニューが2段目に配置されるようにする

❶ここをクリックしてカーソルを表示
❷[レイアウト]タブをクリック
❸[区切り]をクリック

❹[段区切り]をクリック

第7章 文書のレイアウトを整える

③ 段落罫線を挿入する

- 「焼き物」以降のメニューが2段目に配置された
- 段落の幅いっぱいに二重線を入力する
- ❶ ここをクリックしてカーソルを表示

- ❷ 半角で「＝」を3つ入力
- 「＝」は Shift ＋ ほ キーを押して入力する
- ❸ Enter キーを押す

④ 続けて段落罫線を挿入する

- 段落の幅いっぱいに二重線が入力された
- ❶ 手順3を参考に「煮物」と「マグロのかぶと煮」の間に二重線を挿入

- ❷ 手順3を参考に「焼き物」と「串焼き五点」の間に二重線を挿入
- ❸ 手順3を参考に「しめ」と「稲庭うどん」の間に二重線を挿入

HINT! 二重線を引いた後は文頭にボタンが表示される

手順3の操作を実行すると、二重線を引いた段落の左側に［オートコレクトのオプション］ボタン（）が表示されます。「===」を二重線に変換したくないときは、［オートコレクトのオプション］ボタンをクリックして［元に戻す］を選択しましょう。

HINT! 二重線を削除するには

手順3で挿入した二重線は、レッスン⓮で紹介したオートコレクトの機能を利用しています。二重線は Delete キーでは削除できません。別の行に挿入してしまったときは、以下の手順で削除します。例えば「とりあえず」の下に挿入した二重線を削除するときは、「とりあえず」の行をすべて選択してから操作しましょう。

- ❶ 罫線が引かれた段落を選択
- ❷ ［ホーム］タブの［罫線］のここをクリック

- ❸ ［枠なし］をクリック
- 二重線が削除される

Point

段組みの仕組みを理解しよう

メニュー表などを作るときは、用紙を横向きにし、段組みを設定します。段組みは、紙面を「段」という仕切りで区切り、複数の列で文字をレイアウトしていく機能です。段組みを利用すると、途中で文字が折り返されるようになるので、1行の文字数が少なくなります。1行の文字数が多過ぎると文章が読みにくくなりますが、段組みを使えば、長い文章も読みやすくなります。

レッスン 54

設定済みの書式をコピーして使うには
書式のコピー/貼り付け

複数の文字に同じ装飾を設定するときは、書式のコピーを使うと便利です。選択した文字の書式だけが記憶され、貼り付けでほかの文字に同じ書式を設定できます。

 このレッスンは動画で見られます　操作を動画でチェック！ ※詳しくは25ページへ

▶キーワード

コピー	p.303
書式	p.303
スタイル	p.304
貼り付け	p.306
フォント	p.307

レッスンで使う練習用ファイル
書式のコピー.docx

1 メニュー項目の書式を変更する

❶「とりあえず」をドラッグして選択

レッスン㉒〜㉓を参考に、以下のように書式を変更する

❷［ホーム］タブをクリック
❸［太字］に設定
❹［フォントサイズ］を［26］に変更

❺［フォントの色］のここをクリック
❻［緑、アクセント6］をクリック

ショートカットキー

Ctrl + Shift + C …………書式のコピー
Ctrl + Shift + V …………書式の貼り付け

HINT! 右クリックでも書式をコピーできる

文字を右クリックすると表示されるミニツールバーを使えば、書式のコピーも簡単です。以下の手順も試してみましょう。

❶書式をコピーする文字をドラッグして選択

◆ミニツールバー

❷［書式のコピー/貼り付け］をクリック

書式がコピーされる

別の文字をドラッグして書式を貼り付ける

⚠ 間違った場合は？

手順2で間違った書式を設定してしまったときは、正しい書式を設定し直します。

2 書式が変更された

メニュー項目の書式が変更された

「とりあえず」が選択されていることを確認

③ 書式をコピーする

書式を設定した文字が選択された

❶ ［ホーム］タブ をクリック　❷ ［書式のコピー/貼り付け］ をクリック

④ コピーした書式を貼り付ける

書式がコピーされ、マウスポインターの形が変わった 　書式を変更したい文字をドラッグすると、コピーした書式を貼り付けられる

❶ ここにマウスポインターを合わせる　❷ ここまでドラッグ

HINT! コピーした書式を連続して貼り付けるには

［書式のコピー/貼り付け］ボタン（）をダブルクリックすると、コピーした書式を連続して貼り付けられます。機能を解除するには、［書式のコピー/貼り付け］ボタン（）をもう一度クリックするか、Escキーを押しましょう。

書式をコピーする文字を選択しておく

❶ ［ホーム］タブをクリック

❷ ［書式のコピー/貼り付け］をダブルクリック

別の文字をドラッグすれば、コピーした書式を連続して貼り付けられる

HINT! ［書式のコピー/貼り付け］は図形でも利用できる

［書式のコピー/貼り付け］ボタンは、文字だけではなく図形に対しても利用できます。図形に対して［書式のコピー/貼り付け］ボタンを利用すると、色や形、線種などの書式をまとめてコピーできます。

次のページに続く

⑤ 選択を解除する

選択を解除して、設定された書式を
確認できるようにする

ここをクリックして
カーソルを表示

⑥ 選択が解除された

文字の選択が
解除された

「とりあえず」とまったく同じ
書式が設定された

 設定した書式を保存するには

設定した書式を何度も繰り返して使いたいときは、スタイルとして登録しておくと便利です。スタイルはWordに登録されるので、文書を閉じたり、Wordを終了したりしても、繰り返し利用できます。

スタイルを登録する
文字をドラッグして
選択しておく

❶［ホーム］
タブをクリック

❷［スタイル］のここ
をクリック

［スタイル］の一覧が表示された

❸［スタイルの作成］をクリック

［書式から新しいスタイルを作成］
ダイアログボックスが表示された

選択した文字の
書式をひな形と
して保存する

❹「メニュー見
出し」と入力

❺［OK］を
クリック

❻スタイルが保存できた
ことを確認

次ページのHINT!を参考にして
スタイルを利用する

続けて書式をコピーして貼り付ける

手順2〜6を参考に「焼き物」と「しめ」に「とりあえず」と同じ書式を設定

あらかじめ設定されたスタイルを使うには

Wordには、あらかじめフォントやフォントサイズなどの書式を組み合わせた「スタイル」が用意されています。スタイルは、以下の手順で適用できます。気に入ったものを見つけて利用しましょう。

スタイルを適用する文字を選択しておく　　好みのスタイルをクリック

間違った場合は？

間違った文字にスタイルを設定してしまったときは、クイックアクセスツールバーの[元に戻す]ボタン（ ）をクリックして元に戻し、正しい文字に書式を設定し直しましょう。

8 文字の色を変更する

ここでは手順1を参考にして、見出しの文字の色を変更する

❶「煮物」の色を[青、アクセント1]に変更

❷「焼き物」の色を[オレンジ、アクセント2]に変更

❸「しめ」の色を[ゴールド、アクセント4]に変更

Point

書式のコピーとスタイルを使いこなす

Wordの操作に慣れてくると、文字や図形にさまざまな装飾を設定できるようになります。しかし、複雑な装飾を組み合わせた書式をほかの文字や図形に対して再設定するのは面倒なものです。そんなときに、[書式のコピー/貼り付け]ボタンを活用すれば、同じ書式を簡単に設定できます。また、頻繁に利用するデザインは、スタイルとして登録しておけば、何度も設定せずに済むので便利です。

レッスン 55 文字と文字の間に「……」を入れるには

タブとリーダー

ここでは、メニューの項目と値段の間に「……」のリーダー線を表示する方法を紹介しましょう。タブを使って空白を入力してから配置や線の設定を行います。

1 メニューの項目と金額の間にタブを挿入する

メニューの項目と金額の間にタブを挿入し、以下のように金額を入力

「→」は キーを1回押してタブを挿入する

```
冷やっこ    →    三百円
おさしみ    →    七百円
おしんこ    →    二百円
枝豆        →    三百円

マグロのかぶと煮 →    千円
カレイの煮つけ   →    八百円
黒豚の角煮       →    五百円

串焼き五点  →    四百円
鮭ハラス    →    八百円
西京焼き    →    八百円

稲庭うどん  →    五百円
鮭茶漬け    →    四百円
梅茶漬け    →    四百円
焼きおにぎり →   四百円
```

▶キーワード

インデント	p.301
ダイアログボックス	p.304
タブ	p.305
フォント	p.307
フォントサイズ	p.307
ポイント	p.308
リーダー線	p.309
ルーラー	p.309

レッスンで使う練習用ファイル
タブとリーダー.docx

ショートカットキー

Ctrl + A ………… すべて選択

HINT! タブを使うと文字の配置を正確に調整できる

手順1でメニューの項目と金額の間に、空白ではなくタブを挿入しているのは、手順6でタブの位置を変更して、文字を段落の右端にぴったりそろえるためです。空白で文字の間を空けてしまうと、フォントサイズなどの変更により、位置がずれてしまうことがあります。タブを挿入しておけば、文字の大きさなどに影響されないので、正確に配置できるのです。

space キーで空白を入力しても文字がきれいにそろわない

各メニューの金額を入力できた

文書のレイアウトを整える 第7章

❷ 文字を配置する位置を確認する

「六百円」や「八百円」などの値段をすべて右端に配置する

❶ [表示]タブをクリック

❷ [ルーラー]をクリックしてチェックマークを付ける

❸ 1段(1行)の文字数の位置をルーラーで確認

ここでは、1段が30文字となっているので文字を右端に配置するためにタブ位置を[30]に設定する

❸ 文字を選択する

文字をすべて選択する

❶ [ホーム]タブをクリック

❷ [選択]をクリック

❸ [すべて選択]をクリック

HINT! あらかじめ1行の文字数を確認しておこう

ルーラーを表示すれば、[右インデント]()の左に表示される数字で、1行の文字数が分かります。ルーラーを使わずに1行の文字数を確認するには、[レイアウト]タブをクリックしてから[ページ設定]のダイアログボックス起動ツール()をクリックしましょう。表示される[ページ設定]ダイアログボックスの[文字数]で1行当たりの文字数が分かります。ただし、Wordでは「全角で10.5ポイントの文字」を基準に文字数を表示します。このレッスンでは、「冷やっこ」などの文字を16ポイントに設定していますが、16ポイントの場合は、1行に20文字までしか入力できません。

HINT! 1行の文字数と段の幅は異なる

段組みの幅と1行の文字数は初めから異なります。1段の正確な幅を確認するには、[レイアウト]タブの[段組み]ボタンをクリックし、表示される一覧で[段組みの詳細設定]をクリックしましょう。[段組み]ダイアログボックスの[段の幅]に表示される文字数が正確な段の幅です。

[段の幅]で1段の幅が分かる

ボタンをクリックすれば1段の文字数を変更できる

HINT! タブと空白の違いを見分けるには

192ページの2つ目のHINT!でも解説していますが、[編集記号の表示/非表示]ボタン()をクリックすれば編集記号が表示されます。タブは「→」、空白は「□」で表示されるので、違いがすぐに分かります。

次のページに続く

❹ [段落] ダイアログボックスを表示する

すべての文字が選択された

❶ [レイアウト]タブをクリック

❷ [段落]のここをクリック

❺ [タブとリーダー] ダイアログボックスを表示する

[段落]ダイアログボックスが表示された

❶ [インデントと行間隔]タブをクリック

❷ [タブ設定]をクリック

❻ タブの設定を変更する

[タブとリーダー]ダイアログボックスが表示された

手順2で確認した1段(1行)の文字数を入力する

❶ [タブ位置]に「30」と入力

❷ [右揃え]をクリック

1段の正確な幅が分かっていれば、[タブ位置]に「30.98」などと入力してもいい

❸ [リーダー]のここをクリック

❹ [OK]をクリック

HINT! タブの配置の種類は5種類ある

タブの配置は、手順6で利用している[右揃え]のほか、全部で5種類あります。数字を右にそろえたり、小数点を基準にしたりするなど、目的に合わせて、種類のタブを使い分けましょう。

●タブの種類と用途

タブの種類	用途
左揃え	文字を左側にそろえるときに使う
中央揃え	中央を基準に文字をそろえたいときに使う
右揃え	文字の末尾(右側)をそろえるときに使う
小数点揃え	数字の小数点をそろえたいときに使う
縦線	タブの代わりに縦線を入れるときに使う

●[小数点揃え]の設定例

```
 10.58
  9.299
127.8
```

●[縦線]の設定例

```
名前：山田芳一
名前：山本一平
```

HINT! 読みやすさを優先してリーダー線を選ぼう

リーダー線に利用する点線の種類は、点線で結ぶ文字や数字の読みやすさを優先して決めます。点線が粗過ぎたり細か過ぎたりして、文字や数字が読みにくくなるようであれば別の種類にするなど、全体のバランスを見て選びましょう。

⚠ 間違った場合は？

手順6で[タブ位置]に別の数値を入力したり、[リーダー]の設定を忘れたりしてしまったときは、文字がすべて選択されていることを確認して再度手順4から操作をやり直します。[タブとリーダー]ダイアログボックスで[すべてクリア]ボタンをクリックしてから手順6の操作を行いましょう。

7 選択を解除する

[タブ位置] に入力した文字数に合わせ、値段の文字が右端に移動した

タブを挿入した位置に「……」のリーダー線が表示された

ここをクリックしてカーソルを表示

HINT! タブの位置はルーラーで変更できる

手順6で設定したタブの位置はルーラーに表示されます。ルーラー上の[右揃えタブ]を示す記号（ ）をマウスでドラッグすれば、タブの位置を調節できます。

[右揃えタブ]をドラッグしてタブの位置を変更できる

8 選択が解除された

手順2を参考に[ルーラー]をクリックしてチェックマークをはずし、ルーラーを非表示にしておく

Point
文字数を確認して配置とリーダー線を設定する

レッスン㉕でも解説したように、タブを利用すれば文字の間に空白を入れてタブの右側にある文字をそろえられます。このレッスンでは、タブの挿入後に「タブの位置」「文字の配置」「リーダー線」の3つの設定を変更しました。ポイントは、1行の文字数が何文字か確認して、その文字数を[タブとリーダー]ダイアログボックスの[タブ位置]に入力することです。ルーラーや199ページのHINT!を参考にして、1行の文字数が何文字かをよく確認してください。このレッスンの文書は、1段（1行）が30文字だったので、「30文字目の右端に文字をそろえて、なおかつタブの挿入位置に『……』のリーダー線を表示する」という設定をしています。

レッスン 56

ページの余白に文字や図形を入れるには

ヘッダー、フッター

文書の余白に日付やタイトルなどを入れたい場合は、「ヘッダー」や「フッター」を使いましょう。文字だけでなく、ワードアートなどの図形も挿入できます。

1 ページの余白を確認する

ここでは、ページの上部余白に店の名前を入力する

ページの上部余白が十分あることを確認

2 ヘッダーを表示する

❶ [挿入] タブをクリック

❷ [ヘッダー] をクリック

❸ [ヘッダーの編集] をクリック

▶キーワード

ハンドル	p.307
フィールド	p.307
フッター	p.308
ページ番号	p.308
ヘッダー	p.308
余白	p.309

 レッスンで使う練習用ファイル
ヘッダー.docx

 ショートカットキー

[Ctrl] + [R] ……… 右揃え
[Ctrl] + [E] ……… 中央揃え

 ヘッダーとフッターって何？

ヘッダーは文書の上部余白に、フッターは文書の下部余白に、複数ページにわたって同じ内容を繰り返し表示する特殊な編集領域です。このレッスンで解説しているような文書のタイトル以外にも、ページ番号や日付などを挿入することもできます。複数ページの文書でページ番号を挿入したときは「1」「2」「3」というように通し番号が自動で振られます。

ダブルクリックで編集を開始できる

手順2ではリボンの操作でヘッダーの編集を開始しますが、ページの上部余白をマウスでダブルクリックしても、編集を始められます。フッターも同様です。本文の編集領域のどこかをダブルクリックすると、ヘッダーやフッターの編集が終了して、編集領域が通常の表示に戻ります。

文書のレイアウトを整える 第7章

❸ ヘッダーが表示された

ヘッダーとフッターが表示された　　◆ヘッダー　　本文の編集領域は薄い色で表示される

◆フッター

❹ 文字の配置を変更する

ヘッダーに入力する文字の配置を変更しておく

❶ [ホーム]タブをクリック　❷ [中央揃え]をクリック

HINT! フッターを素早く編集するには

フッターに文字を挿入するときには、以下の手順で操作します。また、ヘッダーの編集中であれば、フッターの領域をクリックするだけで、フッターを編集できます。

❶ [挿入]タブをクリック

❷ [フッター]をクリック

❸ [フッターの編集]をクリック

フッターが表示された

⚠ 間違った場合は?

手順4で文字の配置を間違ったときは、[中央揃え]ボタン()をクリックし直します。

次のページに続く

⑤ 文字の配置を変更できた

カーソルが中央に移動した

 ヘッダーに挿入した文字を削除するには

ヘッダーに挿入した文字をすべて削除するには、[挿入]タブの[ヘッダー]ボタンをクリックして、[ヘッダーの削除]を選択します。入力した文字を部分的に削除するには、ヘッダーを編集できる状態にしてから、Deleteキーなどで不要な文字を削除しましょう。

 ヘッダーやフッターに画像を挿入するには

ヘッダーやフッターにカーソルがある状態で[挿入]タブから操作すれば、ヘッダーやフッターに画像を挿入できます。ただし、画像のサイズが大き過ぎると、本文が隠れてしまいます。画像の挿入後にハンドルをドラッグして余白に収まるサイズに変更しましょう。画像の挿入方法は、レッスン㊾を参照してください。

テクニック ヘッダーやフッターにファイル名を挿入する

ヘッダーやフッターには、文字だけでなく写真やイラスト、ファイル名などを挿入できます。文書のイメージに合った画像を探して、ヘッダーやフッターに挿入するとアクセントとなっていいでしょう。またファイル名を挿入しておくと、印刷した後で、どの文書ファイルの印刷物だったのかをすぐに確認できます。

ここでは、ヘッダーに文書のファイル名を挿入する

❶手順2〜3を参考にヘッダーとフッターを表示する

❷[ヘッダー/フッターツール]の[デザイン]タブをクリック

❸[ドキュメント情報]をクリック

❹[ファイル名]をクリック

ファイル名が挿入された

文書を閉じてからフォルダーでファイル名を変更したときは、Wordで文書を開いたときにファイル名を右クリックして[フィールド更新]をクリックする

⑥ ヘッダーに文字を入力する

❶「和風ダイニング　楓」と入力

❷レッスン㉒を参考にフォントサイズを[48]に変更

❸レッスン㉔を参考に太字を設定

⑦ ヘッダーとフッターを閉じる

❶[ヘッダー/フッターツール]の[デザイン]タブをクリック

❷[ヘッダーとフッターを閉じる]をクリック

ヘッダーとフッターの編集を終了すると本文の編集領域が通常の表示に戻る

HINT! ヘッダーやフッターを素早く編集するには

Wordの編集画面を「印刷レイアウト」モードで表示しているときは、文書のヘッダーやフッターの領域をマウスでダブルクリックすると、素早く編集できるようになります。

ヘッダーをダブルクリック

ヘッダーの編集画面が表示された

Point 複数ページに同じ文字を入れるときに便利

ヘッダーとフッターは、文書の上下に用意されている特別な編集領域です。ヘッダーやフッターに入力した文字や画像は、文書の2ページ目や3ページ目にも自動的に表示されます。会社でデザインを統一しているレターヘッドやページ番号など、複数ページのすべてに表示したい内容があるときに活用すると便利です。また、ヘッダーやフッターに大きな文字を挿入するときは、レッスン㊻を参考に余白を広めに設定しておくといいでしょう。

レッスン 57

ページ全体を罫線で囲むには

ページ罫線

文書全体を罫線で囲むと、文書の内容を強調できます。文書の余白部分にフレームを付けるようなイメージで、装飾されたカラフルな線を表示してみましょう。

1 [線種とページ罫線と網かけの設定]ダイアログボックスを表示する

❶ [ホーム]タブをクリック
❷ [罫線]のここをクリック
❸ [線種とページ罫線と網かけの設定]をクリック

2 ページ罫線の種類を選択する

[線種とページ罫線と網かけの設定]ダイアログボックスが表示された
❶ [ページ罫線]タブをクリック
❷ [絵柄]のここをクリック
❸ ここを下にドラッグしてスクロール
❹ 設定したい絵柄をクリック

▶ キーワード

罫線	p.303
スクロール	p.304
ダイアログボックス	p.304
プレビュー	p.308
文書	p.308
ページ罫線	p.308
余白	p.309

レッスンで使う練習用ファイル
ページ罫線.docx

> **HINT!**
> **線の太さで絵柄の大きさが変わる**
>
> ページ罫線の絵柄は、[線種とページ罫線と網かけの設定]ダイアログボックスの[線の太さ]で設定した数値に合わせてサイズが変わります。絵柄を大きくしたいときには、[線の太さ]の数値を大きくします。数値を小さくし過ぎると、絵柄にならずに線として表示されてしまうので注意しましょう。

[線の太さ]に入力する数値で線の太さを変えられる

[線の太さ]を「20pt」にすると絵柄が大きくなる

文書のレイアウトを整える　第7章

③ ページ罫線を挿入する

ページ罫線が設定され、[種類]の表示が[囲む]に変わった

選択したページ罫線が[プレビュー]に表示された

[OK]をクリック

④ ページ罫線が挿入された

文書全体が罫線で囲まれた

レッスン⓲を参考に「メニュー」という名前を付けて文書を保存しておく

ページ罫線を解除するには

ページ罫線を解除するには、[線種とページ罫線と網かけの設定]ダイアログボックスの[ページ罫線]タブで、[罫線なし]を設定します。

❶[罫線なし]をクリック

❷[OK]をクリック

ページ罫線が削除される

間違った場合は?

設定した絵柄が気に入らなかったときは、手順1から操作を進め、絵柄を選び直しましょう。

Point
ページ罫線で装飾を豊かにしよう

絵柄を利用したページ罫線で文書を囲むと、そのイメージによって文書の印象が大きく変わります。用意されている絵柄には、果実や植物をはじめ動物や文具、幾何学模様などさまざまな種類があります。カラフルなページ罫線を使って印刷すれば、華やかな印象の文書が完成します。ページ罫線は文書の上下左右の余白に印刷されます。そのためページ設定で十分な余白を設定しておかないと、絵柄と文字が重なってしまうことがあります。そのときは、レッスン㊻を参考に余白を広くしましょう。

レッスン 58

文字を縦書きに変更するには

縦書き

横書きで編集した文書も、[文字列の方向]を変えるだけで、縦書きのレイアウトに変更できます。縦書きにすると、カーソルの移動や編集の方向も変わります。

1 文字を縦書きにする

ページ全体の文字を縦書きに変更する

❶ [レイアウト]タブをクリック

❷ [文字列の方向]をクリック

❸ [縦書き]をクリック

2 用紙を横向きにする

ページ全体の文字が縦書きになり、用紙の向きが縦になった

用紙の向きを横に変更する

❶ [印刷の向き]をクリック

❷ [横]をクリック

▶キーワード

操作アシスト	p.304
縦書き	p.305
段組み	p.305
長音	p.305
編集記号	p.308
リボン	p.309

レッスンで使う練習用ファイル
縦書き.docx

 文字を縦書きにした後は用紙の向きに注意する

文字だけで構成された文書の場合は、文字を横書きから縦書きに変更しても1ページの文字数は変わりません。しかし、このレッスンの文書のようにA4用紙の横を前提に作成していた文書を縦書きにすると、用紙の向きが縦になったときに、ヘッダーやレイアウトのバランスが崩れることがあります。ここでは、文字を縦書きにした後、用紙の向きを横に戻します。

 リボンの表示も変化する

縦書きにすると、配置や行間の指定など、文字のレイアウトに関係するリボンの表示も縦書き用に変わります。

◆横書きの場合

◆縦書きの場合

文書のレイアウトを整える　第7章

208　できる

③ 段組みを1段組みにする

用紙の向きが横になった

ここでは2段組みの段組みを1段組みに変更する

❶[段組み]をクリック
❷[1段]をクリック

HINT! 長音の表示が不自然になってしまったときは

文字を縦書きにしたとき、フォントによっては、長音「ー」が回転せずに不自然な表示になってしまうことがあります。長音の表示が不自然になったときは、縦棒「｜」を使いましょう。「たてぼう」と読みを入力して変換すれば、「｜」が変換候補に表示されます。長音から縦棒への置き換えが多いときは、レッスン㉜で紹介した[検索と置換]ダイアログボックスを利用するといいでしょう。

HINT! 操作アシストで分からない機能を探そう

「操作アシスト」の機能を使うと、リボンから探すのが難しい機能や、以前のWordで使っていた機能などを、キーワードで検索できます。タイトルバーの右下にある[実行したい作業を入力してください]に探したい機能や操作の一部を入力すると、対応する操作が表示されます。

④ 編集記号を表示する

2段組みの段組みが1段組みに変わった

段区切りを削除するので、編集記号を表示する

❶[ホーム]タブをクリック
❷[編集記号の表示/非表示]をクリック

HINT! なぜ段区切りを削除するの？

レッスン㊳では、2段組みにした後に段区切りを挿入して「焼き物」以降のメニューを2段目に移動しました。このレッスンの操作で段組みを1段組みに変更すると、結果、段組みが解除されます。このとき、「焼き物」以降のメニュー項目は2ページ目に改ページされた状態となります。ここでは、192ページの2つ目のHINT!で紹介した方法と同じく、編集記号を表示して段区切りを削除し、「焼き物」以降のメニュー項目が1ページ目に表示されるようにします。

次のページに続く

⑤ 段区切りを削除する

ここでは段区切りを削除して、文字が1ページ目に表示されるようにする

［段区切り］が表示された

❶ ［段区切り］をダブルクリック
❷ Delete キーを押す

⑥ タブを挿入する

段区切りが削除されて文字が1ページに収まった

文書の下部に空白があるので、タブをさらに追加で挿入する

❶ ここをクリックしてカーソルを表示
❷ Tab キーを押す

HINT! 値段の位置が変わらないのはなぜ？

段組みを1段組みにして段組みを解除すると、1行の文字数が変わります。しかし、値段の文字はレッスンで「30文字目に合わせて右端に配置する」設定にしています。したがって、段組みを解除して1行の文字数が変わっても、値段の位置は変わりません。

HINT! 余白を設定し直してもいい

段組みを解除するとメニューの項目と値段が間延びしますが、レッスンを参考に［ページ設定］ダイアログボックスで余白を大きくしてレイアウトを変更しても構いません。［余白］で［上］と［下］の数値を大きくすると編集画面の文字が上下中央に寄ります。

HINT! 半角数字を縦向きにするには

半角の数字を縦書きにすると横に寝た状態になってしまいます。半角数字を縦向きにするには、数字を選択してから以下の手順で操作します。

数字を選択しておく

❶ ［ホーム］タブをクリック
❷ ［拡張書式］をクリック

❸ ［縦中横］をクリック

［縦中横］ダイアログボックスが表示された

❹ ［OK］をクリック

［プレビュー］に適用後の状態が表示された

半角数字が横向きになる

7 続けてタブを挿入する

タブが挿入され、値段の文字が下に下がった

同様にしてほかの個所にもタブを挿入する

8 縦書きにした文書のレイアウトを調整できた

手順4を参考に［編集記号の表示/非表示］をクリックして、編集記号を非表示にしておく

タブの位置を再設定するには

手順6でタブ位置を設定し直しても構いません。その場合は、レッスン㊺の手順3以降の操作を実行します。［タブとリーダー］ダイアログボックスを表示したら［すべてクリア］ボタンをクリックし、［タブ位置］に1行の文字数を入力しましょう。再度［右揃え］をクリックし、リーダー線を選択して［OK］ボタンをクリックすれば値段の文字が下端にそろいます。なお、前ページの手順6の状態では、1行の文字数が37.8文字になっています。

レッスン㊺を参考に、文字をすべて選択し、［タブとリーダー］ダイアログボックスを表示しておく

［すべてクリア］をクリックして、［タブ位置］の数値を変更する

Point

縦書きでは文字の種類と方向が変わる

文字を縦書きにすると、用紙の方向が縦から横に変わり、編集画面の文字は右上から左下に向かって縦書きで入力できるようになります。ただし、半角英数字は横向きのまま入力されます。そのままだと読みにくいので、数字などは「縦向き」にする必要があります。半角数字を縦向きに設定する方法は、前ページの3つ目のHINT!を参考にしてください。また縦書きの文書では、罫線の中も縦書きになります。時間割のように、縦書きの文字を使った表を作るときは、文書全体を縦書きにしておくといいでしょう。

この章のまとめ

●段組みを活用してきれいな文書を仕上げる

この章では、段組みやリーダー線などを活用して、デザインに凝った文書を作成しました。文字の装飾では、［書式のコピー / 貼り付け］ボタンやスタイルを活用すると、一度設定したフォントの種類やサイズ、色などをまとめてコピーできます。そして、ヘッダーやフッターを利用すれば、レターヘッドやページ番号のように、複数のページにわたって表示する内容をまとめて設定できるようになります。最後に、ページ罫線を使って文書全体を囲み、内容を強調すると、見ためが華やかで見栄えのする文書を作成できます。

Wordの編集機能を使いこなすことによって、ビジネスの現場で利用する書類から装飾性の高い印刷物まで、バリエーションに富んだ文書を作り出すことができるのです。

装飾性の高い文書の作成
段組みやヘッダー、ページ罫線を利用すれば文書全体のレイアウトや見ためを自在に変更できる。メニュー表のような文書では、リーダー線を利用すると項目同士が見やすくなる

練習問題

以下の文章を入力し、文字と文字の間にタブを挿入して「……」のリーダー線を表示してみましょう。ここではタブの位置を12文字として、文字を左にそろえるように設定します。

●ヒント 「……」のリーダー線を挿入するには、文字と文字の間にタブを挿入し、タブの位置と文字の配置をダイアログボックスで設定します。

タブの位置を[12]に設定して、12文字目に合わせて文字を左端にそろえる

```
ハイキングのお知らせ
日時　　2015年10月24日（土）
集合時間　　　7時30分
集合場所　　　できる小学校校門
場所　できる山公園
持ち物 お弁当、飲み物、おやつ、雨具
服装　動きやすい服装
```

「日時」の文字を［太字］、文字の色を［緑］に設定し、ほかの「集合時間」や「集合場所」の文字にも同じ書式を設定してみましょう。

●ヒント ［ホーム］タブにある［書式のコピー/貼り付け］ボタンを使うと同じ書式を簡単にコピーできます。

文字を[太字]、色を[緑]に設定する

1つ目の文字に設定した書式をコピーする

答えは次のページ

解 答

1

2行目から7行目をドラッグして選択し、[段落]ダイアログボックスの[タブ設定]ボタンをクリックします。[タブとリーダー]ダイアログボックスで、タブの位置とリーダーの種類を設定しましょう。

❶タブを入力した段落を選択
❷[ホーム]タブをクリック
❸[段落]のここをクリック
[段落]ダイアログボックスが表示された
❹[タブ設定]をクリック

[タブとリーダー]ダイアログボックスが表示された
❺[タブ位置]に「12」と入力
ここでは、12文字目に合わせて文字を左端にそろえるので[配置]の設定は変更しない
❻[リーダー]のここをクリック
❼[OK]をクリック

2

複数の文字に同じ書式を設定するには、書式を設定した文字を選択してから[書式のコピー/貼り付け]ボタンをダブルクリックします。

❶「日時」に書式を設定
❷[ホーム]タブをクリック
❸[書式のコピー/貼り付け]をダブルクリック

マウスポインターの形が変わった
❹ここにマウスポインターを合わせる
❺ここまでドラッグ
「集合時間」に書式が貼り付けられた
同様の操作で、ほかの文字にも書式をコピーする

第8章 もっとWordを使いこなす

この章では、Wordのスタート画面を使ってテンプレートをダウンロードし、配色やフォントの組み合わせを変更する方法を解説します。また長文作成時に役立つ行間の調整方法やページ番号の挿入方法も紹介します。併せてWordを利用した文書の校正方法や、文書の保護に関するテクニックを覚えましょう。

●この章の内容
- �59 あらかじめ用意されているひな形を利用するには……………………………216
- �60 テンプレートのデザインを変更するには…218
- �61 行間を調整するには………………………222
- �62 ページ番号を自動的に入力するには………224
- �63 文書を校正するには………………………226
- �64 校正された個所を反映するには……………230
- �65 文書の安全性を高めるには………………232

レッスン 59

あらかじめ用意されているひな形を利用するには

テンプレート

あらかじめ用意されているひな形（テンプレート）を使うと、少ない手間で目的に合った文書を作れます。テンプレートから作成した文書は保存して再利用できます。

1 テンプレートを選択する

Wordを起動して、スタート画面を表示しておく

❶ここを下にドラッグしてスクロール

❷[イベントのチラシ]をクリック

2 テンプレートをダウンロードする

[イベントのチラシ]の詳細の画面が表示された

[作成]をクリック

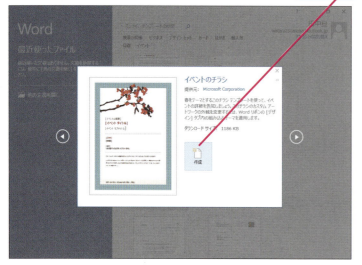

▶キーワード

Office.com	p.300
上書き保存	p.301
検索	p.303
テンプレート	p.306

ショートカットキー

F12 …………… 名前を付けて保存

「テンプレート」って何？

テンプレートとは、Wordで利用できるひな形です。仮の文字や文章が入力されているので、書き換えるだけで目的の文書を作成できます。スタート画面や［新規］の画面には、Wordと一緒にパソコンにインストールされているテンプレートとOffice.comにあるテンプレートが表示されますが、インターネットに接続されている状態であれば、Office.comにあるテンプレートが優先で表示されます。Office.comのテンプレートは無料で利用できますが、不定期に追加や削除が行われるので同じテンプレートが見当たらない場合もあります。

Wordを起動した後でテンプレートの一覧を表示するには

Wordを起動して編集画面を表示しているときは、［ファイル］タブの［新規］をクリックして［新規］の画面を表示します。

⚠ 間違った場合は？

間違ったテンプレートを選んでしまったときは、いったん閉じてから正しいテンプレートを選び直しましょう。

③ テンプレートをダウンロードできた

[イベントのチラシ]がダウンロードされ、自動的に開いた

④ テンプレートの文字を書き換える

あらかじめ入力されている文字を選択して書き換える

レッスン⑱を参考に名前を付けて保存しておく

 テンプレートを検索するには

キーワードを入力して検索すると、目的のテンプレートを素早く探せます。なお、インターネットに接続していないときは、テンプレートの検索ができません。

❶ここにキーワードを入力

❷[検索の開始]をクリック

テンプレートは日々更新される

Office.com経由で公開されるテンプレートは、日々更新されます。気になるテンプレートは、ダウンロードして保存しておくといいでしょう。Microsoftアカウントでサインインしていれば、一度ダウンロードしたテンプレートが、スタート画面の上位に表示されます。

Point

テンプレートを活用すると書式の統一が容易になる

テンプレートは、Wordなどで利用できる書類のひな形です。レターヘッドや送付状、FAXなど、統一された書式に必要事項を記入するような文書を作るときは、テンプレートを使うといいでしょう。また、テンプレートを編集して、上書き保存を実行すると、自動的に[名前を付けて保存]ダイアログボックスが表示されます。テンプレートを不用意に更新してしまうことがないので、安心して使うことができます。

レッスン 60 テンプレートのデザインを変更するには

［デザイン］タブ

Wordでは編集画面に入力した文字や図形のデザインを後から自由に修整できます。［スタイル］や［配色］を使って、文字やイラストの雰囲気を変えてみましょう。

1 スタイルの一覧を表示する

ここでは「くぬぎ山保全会主催」のスタイルを変更する

❶ここをクリックしてカーソルを表示

設定済みのスタイルは色囲みで表示される

❷［ホーム］タブをクリック

❸ここをクリック

2 スタイルを変更する

［スタイル］の一覧から、好みのスタイルを選択する

［サブタイトル］をクリック

スタイルにマウスポインターを合わせると、一時的に文字の書式が変わり、設定後の状態を確認できる

▶キーワード

スタイル	p.304
段落	p.305
テーマ	p.305
テンプレート	p.306
フォント	p.307

レッスンで使う練習用ファイル
［デザイン］タブ.docx

HINT! ［スタイル］って何？

スタイルは、文字のサイズや色、フォントの種類などをひとまとめにした装飾セットです。選択した文字にスタイルを適用すると、あらかじめセットされている装飾を一度にまとめて設定できます。フォントの種類やサイズ、色などを1つ1つ設定する手間を省きたいときに利用するといいでしょう。なお、ここではレッスン�59でダウンロードしたテンプレートを保存した文書を利用していますが、ほとんどのテンプレートには項目ごとにスタイルが設定されています。また、「タイトル」や「サブタイトル」など同じ名前のスタイルでも、テンプレートによって設定されているフォントや文字の大きさなどの装飾が異なることがあります。そのため、このレッスンでは、手順2と手順3で「サブタイトル」と「タイトル」を選び直しています。

HINT! 見出しのレベルもスタイルから設定できる

段落を選択してスタイルにある［見出し1］や［見出し2］をクリックすると、装飾と同時に、見出しを階層化できるアウトラインレベルもまとめて設定できます。

③ スタイルを選択できた

［サブタイトル］のスタイルが設定された

手順1～2を参考に「2016　秋季」に［タイトル］のスタイルを設定

④ 配色の一覧を表示する

続けて、［配色］の一覧を表示する

❶ スクロールバーを下にドラッグしてスクロール

❷ ［デザイン］タブをクリック

❸ ［配色］をクリック

HINT! 文書のデザインは［デザイン］タブで変えられる

［デザイン］タブには、文書のデザインに関連した機能がまとめられています。配色やフォントを変更する機能や、文書全体の書式やテーマをあらかじめ登録してある書式やテーマに置き換える機能も用意されています。テーマについては、221ページのHINT!を参照してください。

間違った場合は？

手順2で間違ったスタイルを選んでしまったときは、あらためてスタイルの一覧から［サブタイトル］を選び直します。

HINT! ［配色］って何？

配色は、文書に設定されている文字や背景、アクセントなどの色の組み合わせをまとめて変更する機能です。例えば文字の場合は、配色の変更と同時に［テーマの色］が設定された文字の色も自動で変わります。テンプレートファイルは［テーマの色］の色が文字に設定されていることが多いので、配色の変更で文字の色も変わるのです。ただし［テーマの色］以外の色が設定されている文字は、［配色］ボタンで配色を変更しても色が変わりません。

配色を変えると、［テーマの色］が設定されている個所の色も自動で変わる

次のページに続く

⑤ 配色を選択する

[配色]の一覧から、好みの配色を選択する

[オレンジ]をクリック

配色にマウスポインターを合わせると、一時的に文書全体の配色が変わり、設定後の状態を確認できる

⑥ フォントの一覧を表示する

文書全体の配色が変わった

続けて、[フォント]の一覧を表示する

[フォント]をクリック

HINT! [配色]を変更すると[テーマの色]の表示も変わる

文書の配色を変更すると、[フォントの色]や[図形の塗りつぶし]などに表示される[テーマの色]の一覧も変わります。これは、[テーマの色]が配色の変更と同時に自動で変わる仕組みになっているからです。一覧に表示される[標準の色]については、配色を変えても表示が変わりません。

◆[Office]の配色を適用したときの色の一覧

◆[オレンジ]の配色を適用したときの色の一覧

[標準の色]にある色は、配色によって色が変わらない

 間違った場合は？

手順5や手順7で間違った配色やフォントを選んでしまったときは、正しい配色やフォントを選び直しましょう。

7 フォントを選択する

［フォント］の一覧から、好みのフォントを選択する

❶ ここを下にドラッグしてスクロール

❷ ［HGPゴシックE］をクリック

8 見出しの文字のフォントが変わった

テンプレートのデザインを変更できた

[テーマ]って何？

テーマは、スタイルや配色やフォントなどの設定をひとまとめにした装飾の集まりです。テーマを使うと、文書の色やフォントをまとめて変更して文書に統一感のあるデザインを設定できます。カタログや企画書のように、外部に提出する文書などは、テーマを設定しておくと、その企業や個人の作成したものだという印象を高められます。フォントであれば［テーマのフォント］や、手順7のようにスタイルが設定されたフォントがテーマによって変わります。色であれば、「［テーマの色］にある色」が設定された文字や図形の色が変わります。

［テーマのフォント］や［テーマの色］が設定されている個所をまとめて変更できる

Point
デザインを工夫して文書の見栄えや印象を高める

同じ内容の文章でも、文字の色や大きさ、フォントの種類などによって、見ための印象がかなり変わります。例えば雑誌やカタログなどが、文字の大きさや色にこだわったデザインを施しているのは、より多くの人に注目してもらい、読んでもらいたいからです。同じように、Wordで作成する文書も、デザインを工夫することで、ほかの人からの注目度に差が付きます。スタイルやデザインを活用して、統一感のある配色や目を引く文字の色やサイズに装飾してみてください。

レッスン61 行間を調整するには

行と段落の間隔

文章を読みやすくするには、行間の設定が大切です。段落を選択してから［行と段落の間隔］ボタンをクリックして、行と行の間隔を変更してみましょう。

1 行間を変更する段落を選択する

ここでは、1つ目の段落を選択して行間を広げる

行間を広くする段落をドラッグして選択

▶キーワード

行間	p.302
段落	p.305

レッスンで使う練習用ファイル
行と段落の間隔.docx

段落全体が変更対象となる

手順1では1行目から7行目を選択して1つの段落をすべて選択しました。行の間隔は、改行で区切られている段落すべてが対象となります。例えば1行目から2行目だけを選択して行間を変えても、1つ目の段落の行間がすべて変わります。

行間って何？

Wordでは文字の上端から次の行の文字の上端までを行間と規定しています。行間を広くすれば、行と行が離れるので、1行の文章が読みやすくなります。反対に、行間を狭くすると、1ページ内の行数が多くなります。

Wordでは、行の上端から次の行の上端までを「行間」という

2 ［行と段落の間隔］の一覧を表示する

❶ ［ホーム］タブをクリック

❷ ［行と段落の間隔］をクリック

段落と段落の間隔を空けるには

行と行ではなく、段落と段落の間を広げたいときには、間隔を変更する複数の段落を選択し、［行と段落の間隔］ボタンの一覧から［段落前に間隔を追加］か［段落後に間隔を追加］をクリックしましょう。

③ 行間を変更する

[1.5]をクリック

設定値にマウスポインターを合わせると一時的に行間が変わり、設定後の状態を確認できる

[段落] ダイアログボックスで行間隔を詳細に設定できる

手順3で[行間のオプション]を選ぶと[段落]ダイアログボックスが表示されます。行間をより詳細に設定するときは、[段落]ダイアログボックスを利用しましょう。Wordの行間は、標準では「1.0」に設定されています。行間を「1.5」にすると1.5倍になります。「2.0」にすると2倍になり、改行で行を空けたときと同じ間隔になります。このほかに、[最小値]と[固定値]では行間をポイント数で指定できます。[最小値]を設定すると、フォントサイズに応じて最低限の行間隔を確保します。[固定値]は、フォントサイズにかかわらず行間隔の値を設定します。もしも設定した行間隔よりも大きなフォントに設定すると、上下の文字と重なることがあります。[倍数]は、2行以上の行間隔を数値で指定したいときに使います。

間違った場合は？

間違った行の間隔を設定してしまったときには、手順1から操作をやり直して、正しい値に設定しましょう。

④ 行間が広くなった

選択した段落の行間が広くなった

ここをクリックして選択を解除しておく

レッスン⓲を参考に名前を付けて文書を保存しておく

Point
行間を変更して文章を読みやすくしよう

横書きの文書を作成するとき、行間が十分に空いていないと文章が読みにくくなってしまいます。そのため、横書きの文書を作成するときは、行間を広めにしておく方がいいでしょう。反対に、文章量が多く間延びしてしまいそうなときは、段落の前後の間隔を空けると、行間が狭いままでも文書にメリハリが付いて読みやすくなります。また、行間は行数で指定するだけではなく、ポイント数でも指定できます。ただし、文字のサイズよりも小さい数値を[固定値]で指定してしまうと、文字が重なり合ってしまうので注意してください。

レッスン 62

ページ番号を自動的に入力するには

ページ番号

複数ページにわたる文書を作るときには、印刷したときに読む順番が分かるようにページ番号を入れておくと便利です。ページ番号は[挿入]タブから挿入できます。

1 ページ番号の書式を選択する

ここではページの下部余白にページ番号を挿入する

❶[挿入]タブをクリック
❷[ページ番号]をクリック
❸[ページの下部]にマウスポインターを合わせる
❹ここを下にドラッグしてスクロール
❺[チルダ]をクリック

2 次のページを表示する

フッターに選択した書式のページ番号が挿入された
次のページ番号を確認できるようにする
ここを下にドラッグしてスクロール

▶キーワード

フッター	p.308
ページ番号	p.308
ヘッダー	p.308

📄 レッスンで使う練習用ファイル
ページ番号.docx

💡 HINT!
「1」以外の数字からページ番号を開始するには

表示するページ番号を1以外の数字から開始するには、以下の手順で操作します。[開始番号]に任意の数字を入力すれば、その数字からページ数が開始されます。

❶[挿入]タブをクリック
❷[ページ番号]をクリック

❸[ページ番号の書式設定]をクリック

[ページ番号の書式]ダイアログボックスが表示された

❹[開始番号]をクリック
❺開始するページ番号の数を入力

❻[OK]をクリック

⚠️ 間違った場合は?

選択するページ番号の種類を間違えたときは、あらためて手順1からやり直します。

③ ヘッダーとフッターを閉じる

- 次のページ番号が表示された
- ページ番号を挿入できたのでヘッダーとフッターを閉じる
- [ヘッダーとフッターを閉じる]をクリック

④ 本文の編集領域が通常の表示に戻った

ヘッダーとフッターが閉じ、自動的に1ページ目が表示された

レッスン⑱を参考に名前を付けて文書を保存しておく

ページ番号を削除するには

ページ番号を削除するには、[挿入]タブにある[ページ番号]ボタンをクリックして[ページ番号の削除]を選択します。また、[フッター]ボタンの一覧から[フッターの編集]をクリックし、ヘッダーに表示されている数字を Delete キーで削除してもページ番号を削除できます。

挿入したページ番号の書式や文字のサイズを変えるには

挿入したページ番号の書式を変えたいときは、ページ番号をマウスでダブルクリックします。すると、フッターの編集ができる状態になるので、通常の文字と同じように装飾や配置、フォントのサイズなどを設定します。

❶ページ番号をダブルクリック
フッターが編集できる状態になる

❷レッスン㉑〜㉔を参考に書式を設定

Point
ページ数が多いときにページ番号が役立つ

複数のページにわたる文書は、各ページにページ番号を振っておくと、印刷後に順番が分からなくなったりしないので便利です。挿入したページ番号には、フィールド変数という特殊な文字が使われているので、そのページが何ページ目になるかを自動的に計算して、適切な番号が表示されます。また、フッターに入力されたページ数の文字は通常の文字と同じように、フォントやフォントサイズを変更できます。ページ数が見にくいときは、文字を大きくするといいでしょう。

レッスン 63

文書を校正するには

新しいコメント、変更履歴の記録

ほかの人が作成した文書を確認したとき、気付いたことや変更点を文書に表示したいことがあります。そんなときは、コメントや変更履歴の機能が便利です。

コメントの挿入

1 コメントの挿入位置にカーソルを移動する

ここでは、土井垣さんが作った企画書を田中さんが確認してコメントを追加する

ここをクリックしてカーソルを表示

コメントを付ける単語をドラッグして選択してもいい

2 コメントを挿入する

カーソルの前後にある単語にコメントを付ける

❶ [校閲] タブをクリック

❷ [新しいコメント] をクリック

▶ キーワード

校正	p.303
変更履歴	p.308

レッスンで使う練習用ファイル
新しいコメント.docx

ショートカットキー

Ctrl + Shift + E …… 変更履歴の記録

HINT! 特定の範囲にコメントを付けるには

特定の文字をドラッグして選択し、コメントを付けても構いません。文章で気になる部分があれば「て、に、を、は」を含めて文字を選択しましょう。

❶ コメントを付ける文字をドラッグして選択

❷ [校閲] タブをクリック

❸ [新しいコメント] をクリック

選択した文字にコメントが付いた

❹ コメントの内容を入力

③ コメントが挿入された

- カーソルの位置から文脈が判断され、選択された単語にコメントが付いた
- コメントは画面右側に表示される

- Wordを利用しているユーザー名が自動で表示される

HINT! コメントにはユーザー名と日時が記録される

コメントを挿入すると、自動的にWordを利用しているユーザー名と入力した日時が記録されます。ほかの人が文書を確認したときに、誰がいつコメントを挿入したのか分かります。

- コメントを挿入したユーザー名と時間が表示される

④ コメントに文章を入力する

- 挿入したコメントに補足事項や注釈などを入力する

- コメントを入力

HINT! 次のコメントを素早く表示するには

複数のコメントが挿入されている場合、画面をスクロールしながら確認していると、見落とすかもしれません。文書に複数のコメントがあるときは、以下のように操作して前後のコメントに移動するといいでしょう。

- [次へ]をクリック

- [前へ] をクリックすれば、前のコメントに移動できる

⚠ 間違った場合は?

間違った個所にコメントを挿入してしまった場合は、クイックアクセスツールバーの[元に戻す]ボタン（）で取り消し、手順1から操作をやり直しましょう。

次のページに続く

変更履歴の記録

5 変更履歴の記録を開始する

続けて、文書の変更履歴を記録する

文字の追加や削除など、文書の修正に関する操作が記録される

❶[校閲]タブをクリック

❷[変更履歴の記録]をクリック

変更履歴の記録が開始された

[変更履歴の記録]がオンになった

6 文字を追加する

脱字の個所に文字を追加する

❶ここをクリックしてカーソルを表示

❷「も」と入力し、Enterキーを押す

[企画趣旨]
当社の立地する西神工業地帯をはじめとする海浜近隣地域は、比較的気候の変化の大きいところが多く、地元産業にも少なからず影響を与えるものと思われる。重工業を中心に、海浜に隣接することをメリットとしたビジネスを展開する企業は多いが、そうした天候の影響を前提とした事業計画を立てざるを得ない状況にあること想定される。また、気候の変化が結果的に作業効率を低下させていた例もあり、そのあたりへのニーズは多いと予想される。そこで、そうした企業に回避策や改善策を提案するため、気温や風速、雨量などが実際の業務にいかなる影響を与えるのかについて客観的なデータを入手するための調査を行いたい。

文字が入力できた

[企画趣旨]
当社の立地する西神工業地帯をはじめとする海浜近隣地域は、比較的気候の変化の大きいところが多く、地元産業にも少なからず影響を与えるものと思われる。重工業を中心に、海浜に隣接することをメリットとしたビジネスを展開する企業は多いが、そうした天候の影響を前提とした事業計画を立てざるを得ない状況にあることも想定される。また、気候の変化が結果的に作業効率を低下させていた例もあり、そのあたりへのニーズは多いと予想される。そこで、そうした企業に回避策や改善策を提案するため、気温や風速、雨量などが実際の業務にいかなる影響を与えるのかについて客観的なデータを入手するための調査を行いたい。

文字を追加した行の左側に赤い縦線が表示された

HINT! 修正内容の色は自動的に変わる

変更履歴が記録された文書で、[校閲]タブの[変更内容の表示]を[すべての変更履歴/コメント]に切り替えると、加筆や削除の履歴が修正したユーザーごとに色分けされて表示されます。また変更された個所にマウスポインターを合わせると、文章の加筆や修正、削除を行ったユーザー名と日時が表示されます。
なお、[すべての変更履歴/コメント]を選んだ場合に表示される画面はWord 2010以前のバージョンでも表示が同じなので、以前のバージョンの画面に慣れている人は[すべての変更履歴/コメント]に表示を切り替えておくといいでしょう。

❶[変更内容の表示]のここをクリック

❷[すべての変更履歴/コメント]をクリック

[変更履歴の記録]がオンになっているときに修正された個所の履歴が表示される

⚠ 間違った場合は？

手順6で文字の追加や削除を間違えてしまったときは、クイックアクセスツールバーの[元に戻す]ボタン（）で編集を取り消して、あらためて修正し直しましょう。

7 文字を削除する

不要な文字を削除する

❶削除する文字をドラッグして選択

❷ Delete キーを押す

［企画名称］
海浜近隣地域における気候環境が産業に与える影響に関する調査

［企画趣旨］
当社の立地する西神工業地帯をはじめとする海浜近隣地域は、比較的気候の変化の大きいところが多く、地元産業にも少なからず影響を与えるものと思われる。重工業を中心に、海浜に隣接することをメリットとしたビジネスを展開する企業は多いが、そうした天候の影響を前提とした事業計画を立てざるを得ない状況にあることも想定される。また、気候の変化が結果的に作業効率を低下させていた例もあり、そのあたりへのニーズは多いと予想さ

文字を削除した行の左側に赤い縦線が表示された

［企画名称］
海浜近隣地域における気候が産業に与える影響に関する調査

［企画趣旨］
当社の立地する西神工業地帯をはじめとする海浜近隣地域は、比較的気候の変化の大きいところが多く、地元産業にも少なからず影響を与えるものと思われる。重工業を中心に、海浜に隣接することをメリットとしたビジネスを展開する企業は多いが、そうした天候の影響を前提とした事業計画を立てざるを得ない状況にあることも想定される。また、気候の変化が結果的に作業効率を低下させていた例もあり、そのあたりへのニーズは多いと予想

HINT! 変更内容の表示を切り替えるには

変更履歴が記録されている行には、赤い縦線が表示されます。この縦線をクリックすると、［シンプルな変更履歴/コメント］と［すべての変更履歴/コメント］の表示を切り替えられます。

赤い縦線をクリック

変更履歴が赤字で表示された

もう一度クリックすると、変更履歴が非表示になる

8 変更履歴の記録を終了する

修正が完了したので、変更履歴の記録を終了する

［変更履歴の記録］をクリック

レッスン⓲を参考に名前を付けて文書を保存しておく

Point

コメントや変更履歴を残してほかの人に知らせる

［新しいコメント］は、文字通り文書にコメントを挿入して、補足事項や注釈を追加するための機能です。［変更履歴の記録］は、追加や削除した文字を色や線によって表すための機能です。変更履歴の機能がオンになっていれば、自分が作成した文書を誰がいつ、どういう内容に修正したのかを確認できます。部下が作成した企画書などを上司が確認する場合など、複数のメンバーで1つの文書を作成するときに利用するといいでしょう。

レッスン 64 校正された個所を反映するには

承諾

変更履歴が記録された文書は、変更の承認を行って修正結果を反映できます。変更履歴を確認して、指示通り修正するかそのままにするかを判断しましょう。

1 カーソルを移動する

変更履歴が記録された文書を開いておく

❶赤い縦線をクリック

変更履歴が表示された

念のため、1行目の段落をクリックしてページ内の変更履歴を文頭から確認する

❷ここをクリックしてカーソルを表示

2 変更個所に移動する

❶[校閲]タブをクリック

❷[次の変更箇所]をクリック

最初の変更個所に移動した

削除された文字が選択された

▶キーワード

検索	p.303
校正	p.303
変更履歴	p.308

レッスンで使う練習用ファイル
承諾.docx

元の文書を確認するには

校正済みの文書には、赤字や訂正線が挿入されているため、元の文章が読みにくい場合があります。以下のように操作すれば、元の文書の状態を確認できます。

❶[校閲]タブをクリック

❷[変更内容の表示]のここをクリック

❸[初版]をクリック

変更を反映しないときは

変更履歴を確認し、修正個所を反映せずに元に戻すときは[校閲]タブの[元に戻して次へ進む]ボタン()をクリックします。

間違った場合は?

間違って承諾・却下してしまったときには、クイックアクセスツールバーの[元に戻す]ボタン()をクリックして取り消します。

③ 変更を承諾する

変更された内容を文書に反映する

［承諾］をクリック

ヒント 変更履歴の一覧を表示するには

1つのウィンドウに変更履歴をすべて表示するには、［変更履歴］作業ウィンドウを表示しましょう。すべての変更履歴が1つのウィンドウに表示されるので、校正内容や校正者を見落としにくくなります。

❶［校閲］タブをクリック

❷［［変更履歴］ウィンドウ］をクリック

［変更履歴］作業ウィンドウが表示された

校閲者名や校正内容を確認できる

④ 変更内容が文書に反映された

赤字が消えて、変更内容が文書に反映された　　**次の変更履歴に移動した**

ここでは手順2と手順3を参考に変更履歴を確認し、変更された内容を文書に反映する

レッスン⓲を参考に名前を付けて文書を保存しておく

Point 変更履歴を確認してから反映する

変更履歴を残せるWordの校正機能は、誰がどのように文章を修正したのかが記録として残るので、複数の人が1つの文書を共同で仕上げていくときに使うと便利です。入力した変更履歴には、校正者の名前も記録されるので、1つずつ確認しながら校正内容を反映できます。また、校正の承認機能は、Word 2013/2010/2007でも利用できます。そのため、別バージョンのWordを使っていても、このレッスンで解説しているように、コメントを読んだり、リボンを使って承認したりすることができます。

レッスン 65

文書の安全性を高めるには

文書の保護

大切な文書を第三者に閲覧されないようにするには、パスワードによる保護が有効です。パスワードを設定した文書は、パスワードを入力しないと開けなくなります。

文書の暗号化

1 [ドキュメントの暗号化]ダイアログボックスを表示する

作成した文書を、パスワードを入力しなければ開けないようにする

❶[ファイル]タブをクリック

❷[情報]をクリック
❸[文書の保護]をクリック

❹[パスワードを使用して暗号化]をクリック

2 パスワードを入力する

[ドキュメントの暗号化]ダイアログボックスが表示された

❶パスワードを入力

入力中のパスワードは「●」で表示される

❷[OK]をクリック

▶キーワード

暗号化	p.300
作業ウィンドウ	p.303
書式	p.303
ダイアログボックス	p.304
半角	p.306
文書	p.308
変更履歴	p.308

レッスンで使う練習用ファイル
文書の保護.docx

そのほかの文書の保護方法

パスワードを使った暗号化のほかに、読み取り専用にしたり、編集に制限をかけたりして文書を保護できます。また、文書を作成した個人や法人を証明する「デジタル署名」を追加することもできます。文書を読み取り専用に設定するには、フォルダーウィンドウでWord文書のファイルを右クリックしてから、[プロパティ]をクリックし、[全般]タブの[読み取り専用]をクリックしてチェックマークを付けてから[OK]ボタンをクリックしましょう。

間違った場合は?

手順2と手順3で入力するパスワードが異なるときは、手順3で「先に入力したパスワードと一致しません。」というメッセージが表示されます。手順2で入力したパスワードを再度入力してください。なお、手順3の画面で[キャンセル]ボタンをクリックすれば手順2の画面が表示されます。[キャンセル]ボタンをクリックすると、[情報]の画面から操作をやり直せます。

3 もう一度パスワードを入力する

［パスワードの確認］ダイアログボックスが表示された

確認のため、手順2で入力したパスワードを再度入力する

❶パスワードを入力
❷［OK］をクリック

4 Wordを終了する

文書にパスワードが設定された

文書にパスワードを設定できたのでWordを終了する

❶［閉じる］をクリック

文書の保存を確認するメッセージが表示された

［保存］をクリックしてパスワードを設定した文書を保存する

❷［保存］をクリック

HINT! パスワードを忘れないように気を付けよう

パスワードを忘れてしまうと、その文書は二度と開けなくなります。設定したパスワードを忘れないようにしましょう。忘れる心配があるときには、第三者に見られない安全な場所に、パスワードを記録したファイルなどを保管しておくようにしましょう。

HINT! パスワードに利用できる文字の種類は

パスワードには、英数文字と「!」や「#」などの半角記号の文字だけが利用できます。英文字は、大文字と小文字が区別されるので、パスワードを設定するときに、Caps Lockキーを押して大文字だけが入力できる状態になっていないかをよく確認しておきましょう。

HINT! パスワードに利用できる文字数は

パスワードの文字数は、1～255文字までになっています。長すぎるパスワードは覚えるのが大変ですが、短すぎると容易に解読されてしまう心配があるので、6文字以上のパスワードに設定するといいでしょう。

HINT! どんなときにパスワードが必要なの？

個人の住所や連絡先、社外秘などの情報が入った文書には、パスワードを設定しておくといいでしょう。また、見積書や価格表のように、特定の相手以外に見られては困るような文書も、パスワードで保護しておくと安全です。

次のページに続く

暗号化した文書の表示

⑤ 文書を保存したフォルダーを表示する

レッスン⑳を参考にフォルダーウィンドウを表示しておく

❶ [ドキュメント] をクリック

ここでは手順4で上書き保存した [文書の保護.docx] を開く

❷ [3920] をダブルクリック

❸ [08syo] をダブルクリック

⑥ 暗号化した文書を開く

[08syo] フォルダーが表示された

[文書の保護] をダブルクリック

パスワードを解除するには

設定されたパスワードを解除するには、232ページの手順1の操作で [ドキュメントの暗号化] ダイアログボックスを表示して、登録されているパスワードを削除します。ただし、パスワードが設定された文書は、手順6からの操作で紹介しているように設定済みのパスワードを入力しないと開けません。

❶ [ファイル] タブをクリック　❷ [文書の保護] をクリック

❸ [パスワードを使用して暗号化] をクリック

[ドキュメントの暗号化] ダイアログボックスが表示された

❹ パスワードの文字を削除

❺ [OK] をクリック

パスワードを変更するには

パスワードを変更したいときには、[ドキュメントの暗号化] ダイアログボックスを表示します。上のHINT!を参考に登録されているパスワードをいったん削除してから新しいパスワードを入力しましょう。

間違った場合は?

手順6で「dekiru」以外のパスワードを入力して [OK] ボタンをクリックすると、「パスワードが正しくありません。文書を開けません。」とメッセージが表示されます。再度手順6から操作して正しいパスワードを入力し直してください。

⑦ パスワードを入力する

[パスワード] ダイアログボックスが表示された

ここでは、文書に設定済みの「dekiru」というパスワードを入力する

❶ パスワードを入力
❷ [OK] をクリック

⑧ 文書が開いた

暗号化した文書を開くことができた

編集を制限するには

編集の制限を設定すると、書式や編集などの操作に対して、利用できる機能を制限できます。[書式の制限]では、変更できる書式を詳細に設定できます。[編集の制限]では、文書を開いたユーザーが一切データを変更できないように設定できるほか、変更履歴のみを残す、コメントの入力のみ許可するといった制限ができます。

手順1の操作4で[編集の制限]をクリックすると、[編集の制限]作業ウィンドウが表示される

書式や編集に利用できる機能を制限できる

Point

パスワードを使って文書を安全に保護する

パスワードは、その文書にかける「鍵」のようなものです。パスワードを設定していない文書は、Wordを使えば誰でも開いて内容を閲覧して編集できます。社内やグループなどで文書を相互に編集する場合には、誰でも開ける方が便利です。しかし、社外の取引先に渡すとか、メールなどに添付して知人に送信する場合には、目的の相手以外がそのWord文書を開く心配があります。そのため、大切な情報が記録されている文書には、できるだけパスワードを設定して保護するようにしましょう。また、ほかの人に文書を渡すときは設定したパスワードを相手に伝えるのを忘れないようにしてください。

この章のまとめ

●手早く見やすい文書を作ろう

この章では、Wordで利用できるテンプレートのダウンロード方法やスタイルと配色の変更方法を紹介しました。テンプレートを利用すれば、カレンダーやメモ、レポート、はがきなど、さまざまな文書を作成できます。217ページのHINT!で解説した方法でテンプレートを検索してお気に入りの文書を作ってみましょう。テンプレートにはあらかじめ仮の文字が入力されているので、タイトルや本文を書き換えるだけですぐに目的の文書を作成できます。また、レッスン㉑以降では、長文作成に必須となる行間の調整方法やページ番号の入力方法を解説しました。レポートなど、文字が主体の文書を作るときは、文章を読みやすくして、文書のページ数を読み手に分からせることが大切です。さらに複数のメンバーで文書を確認して気になる点や修正する個所を残せるコメントや、変更履歴の記録に関する機能も紹介しました。この章で紹介した機能を活用して、目的に合わせた文書を作成できるようにしましょう。

テンプレートや長文作成に役立つ機能の利用

インターネットに接続された状態なら、スタート画面から数多くのテンプレートを検索して、目的の文書をすぐに作成できる。文字数が多い文書やページ数が多い文書では、行間を適切に設定して文書にページ数を挿入する

練習問題

1

インターネット経由で［イベント］のテンプレートを探して、好みの文書をダウンロードしてみましょう。

●ヒント　テンプレートは、Wordのスタート画面か［新規］の画面でダウンロードを実行します。

イベントのテンプレートをダウンロードする

2

練習用ファイルの［行と段落の間隔.docx］を開き、行間をすべて［2.0］に設定しましょう。

●ヒント　［段落］ダイアログボックスを表示して、[行間]の設定を変更します。

文書全体の段落の行間を広げる

解　答

Wordを起動しておく

❶ [イベント] をクリック

[イベント] のカテゴリーが表示されていないときは、ここに「イベント」と入力して検索を実行する

❷ ここを下にドラッグしてスクロール

❸ [ホワイトデーカード] をクリック

Word を起動して、[イベント] をクリックし、表示されたテンプレートから好みの文書を選びます。Word を起動して編集画面を表示しているときは、[ファイル] タブをクリックしてから [新規] をクリックしましょう。

❹ [作成] をクリック

ここをクリックすると、同じカテゴリーで別のテンプレートが表示される

2

❶ 行間を広げる段落をドラッグして選択

❷ [ホーム] タブをクリック

❸ [行と段落の間隔] をクリック

まず、行間を変更する段落をドラッグして選択しましょう。ここではすべての段落の行間を変更するので、Ctrl ＋ A キーを押して文字をすべて選択しても構いません。

❹ [2.0] をクリック

第9章 ほかのソフトウェアとデータをやりとりする

この章では、Excelの表やグラフ、パソコンの画面をコピーした画像データをWordの文書に貼り付ける方法を解説します。また、さまざまな環境で文書を閲覧できるようにするために、別のファイル形式で文書を保存する方法も紹介します。

●この章の内容
- ❻❻ Excelのグラフを貼り付けるには……………240
- ❻❼ 地図を文書に貼り付けるには…………………246
- ❻❽ 新しいバージョンで文書を保存するには……250
- ❻❾ 文書をPDF形式で保存するには………………252

レッスン 66

Excelのグラフを貼り付けるには
［クリップボード］作業ウィンドウ

Excelの表やグラフをWordの文書にコピーするには、Office専用のクリップボードを使いましょう。コピーするデータを確認しながら次々に貼り付けができます。

Excelの操作

1 Excelの［クリップボード］作業ウィンドウを表示する

ここでは、Excelで作成した表とグラフをWordに貼り付ける

コピー元のExcelファイルと貼り付け先のWord文書を開いておく

❶［ホーム］タブをクリック
❷［クリップボード］のここをクリック

2 表を選択する

［クリックボード］作業ウィンドウが表示された

コピーする表のセル範囲を選択する

❶ここにマウスポインターを合わせる
❷ここまでドラッグ

▶ キーワード

クリップボード	p.302
コピー	p.303
作業ウィンドウ	p.303
貼り付け	p.306

レッスンで使う練習用ファイル
クリップボード.docx
表とグラフ.xlsx

ショートカットキー

Alt + Tab …… ウィンドウの切り替え
Ctrl + C …… コピー
Ctrl + V …… 貼り付け

クリップボードって何？

クリップボードとは、文字や数字、表、グラフなどのデータを一時的に記憶する機能です。クリップボードはWindowsにもありますが、Windowsのクリップボードはデータを1つしか記憶できません。Officeで利用できるクリップボードは、複数のデータをまとめて記憶できます。このOfficeのクリップボードを表示する場所が［クリップボード］作業ウィンドウです。Officeのクリップボードは、相互に連携しているので、Excelでコピーしたデータをwordの文書に貼り付けられます。

間違った場合は？

間違ったデータをコピーしてしまったときは、次ページや242ページの下のHINT!を参考にしてクリップボードのデータを消去し、もう一度手順1から操作をやり直しましょう。

❸ 表をコピーする

セル範囲が選択され、枠線が表示された

[コピー]をクリック

❹ 表をコピーできた

表がコピーされ、点滅する点線が表示された

[クリップボード]作業ウィンドウにコピーした表のデータが表示された

HINT! クリップボードのデータを削除するには

クリップボードに一時的に記憶されているデータは、自由に削除できます。間違ったデータをクリップボードに記憶させてしまったときなどは、貼り付け時の間違いを防ぐために削除しておくといいでしょう。

❶削除するデータのここをクリック

❷[削除]をクリック

クリップボードのデータがなくなり、[クリップボード]作業ウィンドウからも消えた

次のページに続く

⑤ グラフを選択する

続けてグラフをコピーする

コピーするグラフをクリック

[グラフエリア]と表示される場所をクリックする

HINT! グラフをコピーするときはクリックする場所に注意しよう

Excelのグラフを選択するときは、グラフをクリックする位置に注意しましょう。グラフ全体を正しくコピーするには、グラフにマウスポインターを合わせたときに、[グラフエリア]と表示される場所をクリックします。グラフの選択対象が分からなくなったときは、グラフをクリックすると表示される[グラフツール]の[書式]タブをクリックし、画面左上の[グラフ要素]の表示を確認しましょう。

グラフを選択しておく

[グラフツール]の[書式]タブをクリック

選択されているグラフの要素が表示される

⑥ グラフをコピーする

コピーするグラフが選択された

グラフを選択すると、枠線とハンドルが表示される

[コピー]をクリック

HINT! [クリップボード]作業ウィンドウのデータをすべて消去するには

クリップボードには24個までのデータを一時的に保存できます。それ以上コピーしたときは、古いものから順番に消去されます。[クリップボード]作業ウィンドウの[すべてクリア]ボタンをクリックすると、クリップボードのデータをすべて消去できます。

[すべてクリア]をクリックするとクリップボードのすべてのデータを消去できる

Wordの操作

7 Wordに切り替える

グラフがコピーされた

[クリップボード] 作業ウィンドウにコピーしたグラフの縮小画像が表示された

貼り付け先のWordの画面に切り替える

タスクバーにあるWordのボタンをクリック

8 Wordの [クリップボード] 作業ウィンドウを表示する

Wordの画面に切り替わった

❶ [ホーム]タブをクリック

❷ [クリップボード]のここをクリック

 画面を手早く切り替えるには

手順7でWordの画面に切り替える際、タスクバーのボタンをクリックして切り替えましたが、Alt+Tabキーを押すと、そのとき開いているウィンドウの中から、表示するウィンドウを選択できます。同時に複数のウィンドウを開いていて、画面を手早く切り替えたいときに便利です。

Altキーを押しながらTabキーを押し続ける

開いているウィンドウやフォルダーが表示される

Altキーを押したままTabキーを繰り返し押すと、画面が切り替わっていく

白い枠線が表示された状態でAltキーを離すと、選択された画面が表示される

Wordの画面が表示された

次のページに続く

⑨ 表を貼り付ける

[クリップボード]作業ウィンドウが表示された

貼り付けるデータを[クリップボード]作業ウィンドウから選択する

貼り付ける場所にカーソルを表示する

❶ ここをクリックしてカーソルを表示

❷ 貼り付けるデータをクリック

⑩ グラフを貼り付ける

表が貼り付けられた

続けて、グラフを貼り付ける

❶ ここをクリックしてカーソルを表示

❷ 貼り付けるデータをクリック

HINT! Excelで作成した表の書式を無効にするには

Excelの表をWordの文書に貼り付けると、Excelで設定されていた書式がそのまま設定された状態となります。表のレイアウトや書式を無効にして、Wordで新規に作成した状態の書式に設定するには、表を貼り付けた直後に[貼り付けのオプション]ボタンをクリックし、[貼り付け先のスタイルを使用]をクリックしましょう。[貼り付けのオプション]ボタンが表示されている間は、別の書式も選択できますが、ほかの操作を実行すると[貼り付けのオプション]ボタンが消えてしまいます。

❶ [貼り付けのオプション]をクリック

❷ [貼り付け先のスタイルを使用]をクリック

Excelで作成した表の書式が無効になる

HINT! ExcelのブックとWordの文書に設定済みのテーマが異なるときは

Excelで作成した表やグラフにテーマの色やフォントが設定されていて、貼り付け元のブックと貼り付け先の文書で設定されているテーマが異なるときは、貼り付け元のブックに設定されていたテーマが表に設定されます。文書に設定したテーマで表の書式を統一するときは、上のHINT!を参考に、表のスタイルを設定し直しましょう。グラフの場合、文書に設定されているテーマの書式に自動で置き換わります。

⚠ 間違った場合は?

間違った位置に表やグラフを貼り付けてしまったときは、クイックアクセスツールバーの[元に戻す]ボタン（ ）をクリックして、手順9から操作をやり直しましょう。

11 グラフの貼り付け方法を変更する

- Excelと同じ書式でグラフが貼り付けられた
- ここでは、貼り付けたグラフを画像に変更する

❶ [貼り付けのオプション]をクリック

❷ [図]をクリック

12 グラフの貼り付け方法が変更された

- 貼り付けられたグラフが画像に変わった
- [閉じる]をクリックして、[クリップボード]作業ウィンドウを非表示にしておく

- Excelを閉じて、Wordの[クリップボード]作業ウィンドウを非表示にしておく
- レッスン⓭を参考に名前を付けて文書を保存しておく

貼り付けたデータをExcelと連動させるには

このレッスンでは、Excelのグラフと連動させずに、画像としてWordに貼り付けるため、手順11で貼り付け方法を［図］に変更しました。標準の状態では、Excelのグラフは、［貼り付け先テーマを使用しデータをリンク］という形式で貼り付けられます。これは、「貼り付け先のWordの書式を適用して、Excelのデータと連動する」という設定で、Excelでデータを変更すると、Wordのグラフも自動的に更新されます。グラフを貼り付けた後、[貼り付けのオプション]ボタンをクリックして、［元の書式を保持しデータをリンク］を選ぶと、Excelで設定した書式のまま、Wordに貼り付けたグラフがExcelと連動（リンク）します。

- ［貼り付けのオプション]をクリック
- ［貼り付け先テーマを使用しデータをリンク]か[元の書式を保持しデータをリンク]をクリックすると、データが連動(リンク)する

Point

表やグラフはまとめてコピーすると便利

Officeに用意されているクリップボードは、コピーしたデータを連続して記憶し、何度でも貼り付けて使うことができます。また、このレッスンのように、Excelで作成した複数のデータをまとめてWordで使うときなどに活用できます。貼り付けたデータは［貼り付けのオプション］ボタンで貼り付け後に書式を変更できます。［クリップボード］作業ウィンドウを利用して、Excelの表やグラフのデータをWordにコピーし、説得力ある文書を作りましょう。

レッスン 67 地図を文書に貼り付けるには
Bingマップ

スクリーンショットのキーを使うと、画面に表示されている情報を文書に貼り付けられます。ここでは、Webブラウザーに表示した地図を文書に挿入します。

 このレッスンは動画で見られます 操作を動画でチェック！ ※詳しくは25ページへ

▶キーワード	
Bing	p.300
Microsoft Edge	p.300
クリップボード	p.302
作業ウィンドウ	p.303
スクリーンショット	p.304
トリミング	p.306
貼り付け	p.306

レッスンで使う練習用ファイル
スクリーンショット.docx

ショートカットキー
`Alt` + `Print Screen` ……… アクティブウィンドウの画面をコピー

スクリーンショットの撮影

1 BingマップのWebページを表示する

ここではMicrosoft Edgeを利用する
❶ [Microsoft Edge] をクリック

Microsoft Edgeが起動した
ここではBingマップのWebページを表示する

▼BingマップのWebページ
http://www.bing.com/maps/

❷BingマップのURLを入力
❸ `Enter` キーを押す

HINT! 好みのWebブラウザーを使おう

このレッスンでは、Windows 10に搭載されているMicrosoft Edgeで操作を紹介していますが、別のブラウザーを利用しても構いません。Internet ExplorerやGoogle Chromeなどを利用しても同様に操作ができます。

2 Bingマップで地図を表示する

BingマップのWebページが表示された
文書に貼り付ける地図を表示する

❶ここに「秋葉原UDX」と入力
❷ [Search] をクリック

HINT! どんな地図でも利用できる

スクリーンショットとしてクリップボードにコピーできれば、どんな画面でもWordの文書に貼り付けて利用できます。ここではマイクロソフトが提供しているBingマップの地図を利用しますが、Googleマップなどの地図サービスなどを利用しても構いません。

▼GoogleマップのWebページ
http://www.google.co.jp/maps/

❸ 地図を縮小表示する

| 秋葉原UDXの場所が地図に表示された | 続いて地図の表示を縮小する | [縮小]をクリック |

ここをクリックすると、地図の表示が広がる

❹ スクリーンショットをコピーする

| 地図の表示が縮小された | 地図のスクリーンショットを画像としてコピーする | Alt + PrintScreen キーを押す |

| 地図のスクリーンショットがコピーされた | [ルート案内]をクリックすると、車や電車での経路を調べられる |

💡HINT! どんな画面でもコピーできる

PrintScreenキーは、パソコンの画面に表示されているデータを画像としてコピーする機能です。手順4のように、Altキーと組み合わせると、手前に表示されているウィンドウの画像データだけがコピーされます。PrintScreenキーを使うと、地図だけではなく、どんな画面でもWordの編集画面に貼り付けられます。ただし、動画やゲームアプリのプレイ画面などはコピーできない場合があります。なお、一部のノートパソコンでPrintScreenキーを利用するには、AltキーでなくFnキーと一緒にキーを押す必要があります。

💡HINT! 画面全体をコピーできる

Altキーを使わずにPrintScreenキーだけを押すと、パソコンに表示されているすべての画面がコピーされます。なお、画面の解像度が高い場合、コピーした画像のデータがWordのクリップボードに表示されない場合があります。

💡HINT! 画像の著作権に注意しよう

Webページなどに掲載されている画像にはすべて著作権があります。インターネット上にあるデータだからといって、何でも自由に利用できるわけではありません。Webページに掲載されている画像を利用するときは、個人で利用する文書にとどめておきましょう。Webページによっては、画像の利用について規約を明記している場合もあり、自由にデータを利用できる場合と利用できない場合があるので、よく内容を確認しておきましょう。また、人物写真などを勝手に利用すると、肖像権の侵害となる場合もあります。

次のページに続く

スクリーンショットの挿入

5 スクリーンショットを挿入する

練習用ファイルを表示する

❶タスクバーにあるWordのボタンをクリック

❷「マップ」の下の改行の段落記号をクリック

❸[クリップボード]のここをクリック

[クリップボード]作業ウィンドウが表示された

❹ここをクリック

[クリップボード]作業ウィンドウにコピーしたデータが表示されていないときは、[貼り付け]をクリックする

6 スクリーンショットが挿入された

スクリーンショットが挿入された

[閉じる]をクリック

[クリップボード]作業ウィンドウが非表示になる

続いて画像の切り取りを実行する

HINT! Wordの機能でスクリーンショットをコピーできる

Wordにも、[Print Screen]キーと同じように、スクリーンショットをコピーして編集画面に挿入する機能が用意されています。この機能を使う場合には、あらかじめコピーしたいウィンドウを直前に開いておくようにしましょう。

コピーするウィンドウを開いてからWordの画面を表示する

❶[挿入]タブをクリック　❷[スクリーンショット]をクリック

❸[画面の領域]をクリック

画面をドラッグすると、文書に画像が挿入される

HINT! トリミングで切り取られた画像はどうなるの？

レッスン㊿で紹介した画像のトリミングと同じく、手順7でトリミングする画像は、データとしてはそのまま残っています。そのため、手順8の状態でも[トリミング]ボタンをクリックすれば、切り取り範囲を変更できます。

⚠ 間違った場合は？

手順5で挿入するスクリーンショットの内容が間違っていたときは、画像をクリックして[Delete]キーを押し、画像を削除します。再度手順4から操作して正しいスクリーンショットをコピーしましょう。

7 画像の切り取りを実行する

❶ スクリーンショットをクリック
❷ [図ツール] の [書式] タブをクリック
❸ [トリミング] をクリック

❹ ここにマウスポインターを合わせる
マウスポインターの形が変わった
❺ ここまでドラッグ

❻ [トリミング] をクリック

8 画像が切り取られた

画像の一部が切り取られた

HINT! 画像の大きさを数値で指定するには

貼り付けた画像の大きさは、175ページのHINT!で紹介しているようにハンドルをドラッグして変更ができます。また、数値でも指定ができます。より詳細に画像のサイズを指定するには、[サイズ] の [図形の高さ] と [図形の幅] に数値を入力しましょう。

[図形の高さ]と[図形の幅]に数値を入力してサイズを変更できる

HINT! 自由な位置に移動するには配置方法を変更する

レッスン㊾で解説したように、手順5で挿入した画像も [行内] という方法で配置されます。自由な位置に画像を移動できるようにするには、174ページや175ページを参考にして、画像の配置方法を変更しましょう。

Point スクリーンショットを活用して文書に多彩な情報を盛り込む

地図をはじめ、インターネットではさまざまな情報を検索できます。スクリーンショットを活用して、検索した画面をWordの文書に貼り付けると、情報を分かりやすく伝えられます。ただし、インターネットには、著作権や肖像権で保護されている情報や画像もあります。そのため、情報は私的な利用にとどめるか、情報を提供しているWebサイトの利用規約などを確認して、許可された範囲で活用しましょう。

レッスン 68 新しいバージョンで文書を保存するには

ファイルの種類

Word 2003より前のバージョンで作成した文書（.doc）は、Word 2007 ～ Word 2016のファイル形式（.docx）で保存ができます。その方法を紹介しましょう。

1 ［名前を付けて保存］ダイアログボックスを表示する

［Word 97-2003文書］形式の文書を［Word文書］形式で保存する

❶［ファイル］タブをクリック

❷［名前を付けて保存］をクリック

❸［このPC］をクリック

❹［参照］をクリック

2 文書を［Word文書］形式で保存する

［名前を付けて保存］ダイアログボックスが表示された

❶ここをクリックして「ファイルの種類（word2016用）」と入力

❷［ファイルの種類］をクリックして［Word文書］を選択

❸［保存］をクリック

▶キーワード

ダイアログボックス	p.304
ファイル	p.307
文書	p.308
保存	p.308

レッスンで使う練習用ファイル
ファイルの種類.doc

 新旧の文書ファイルの互換性とは

Word 2007以降では［Word文書］、Word 2003以前のバージョンで作成した文書は、［Word 97-2003文書］が標準のファイル形式になっています。Word 2016では、新旧どちらの文書ファイルも開けますが、SmartArtや図のスタイルなど、Word 2007以降に追加された機能は、［Word文書］を選ばないと、図や装飾などの情報が正確に保存されません。

 古い文書ファイルの互換性を維持したいときは

［Word 97-2003文書］形式から［Word文書］形式に変更して保存するとき、古いファイル形式との互換性が維持できるかどうか心配なときは、手順2で［以前のバージョンのWordの互換性を保持する］にチェックマークを付けて保存します。すると、レイアウトなど細かい設定などの互換性を最大限維持したまま［Word文書］として保存できます。

間違った場合は？

手順2で選択するファイルの種類を間違えたときは、正しいファイルを種類を選び直しましょう。

テクニック 文書をWord 2003で開けるようにする

Word 2003を使っている相手に文書ファイルを渡すときは、ファイル形式を［Word文書］から［Word 97-2003文書］に変更して保存します。Word 2007以降に搭載されたSmartArtや図のスタイル、図の効果、図形のスタイルを利用した文書も保存自体は可能です。しかし、Word 2003では、それらのデータの再編集はできません。

［名前を付けて保存］ダイアログボックスを表示しておく

❶ここをクリックして「(word2003用)」と入力
❷［ファイルの種類］をクリックして［Word 97-2003文書］を選択
❸［保存］をクリック

❹古いバージョンと互換性がない機能や書式を確認

❺［続行］をクリック

［Word 97-2003文書］形式で保存される

❸ ファイルの保存を確認する

ファイル形式の変更に関するメッセージが表示された

［OK］をクリック

❹ 文書が［Word文書］形式で保存された

［Word文書］形式で保存された

手順2で入力したファイル名が表示されていることを確認

HINT! 新旧の文書ファイルで拡張子が異なる

［Word文書］形式の拡張子は「docx」、［Word 97-2003文書］形式の拡張子は「doc」になっています。拡張子が異なるので、ファイル名が同じままでも同じフォルダーに保存ができるのです。なお、Windowsの初期設定では拡張子が表示されません。

Point Word 2007以降の機能を使うには［Word文書］形式で保存する

Word 2007以降では、ファイルサイズを小さくしつつ、なるべく多くのアプリで利用できるように「XML」という言語に準拠した［Word文書］形式が標準で採用されています。［Word文書］形式では、Word 2007から搭載されている図の効果や図形のスタイル、SmartArtなどの機能や書式を利用できます。［Word 97-2003文書］から［Word文書］形式に変更しても、文書が読めなくなることはありません。古いバージョンのWordを使う機会がほとんどないのでれば、文書を［Word文書］形式で保存しておきましょう。

レッスン 69

文書をPDF形式で保存するには

エクスポート

Wordを使っていない相手に文書の内容を見てもらうには、文書をPDF形式で保存するといいでしょう。PDFファイルなら、さまざまなアプリで閲覧できます。

1 [PDFまたはXPS形式で発行]ダイアログボックスを表示する

作成した文書をPDF形式で保存する

❶[ファイル]タブをクリック

❷[エクスポート]をクリック
❸[PDF/XPSドキュメントの作成]をクリック
❹[PDF/XPSの作成]をクリック

2 文書をPDF形式で保存する

[PDFまたはXPS形式で発行]ダイアログボックスが表示された

❶[ドキュメント]をクリック
❷[ファイルの種類]が[PDF]になっていることを確認
❸[発行後にファイルを開く]にチェックマークが付いていることを確認
❹[発行]をクリック

▶キーワード

PDF形式	p.300
ダイアログボックス	p.304

 レッスンで使う練習用ファイル
エクスポート.docx

 [名前を付けて保存]でもPDFで保存できる

[名前を付けて保存]ダイアログボックスでも、[ファイルの種類]で[PDF]を選べます。[PDF]を選ぶと手順2と同じ[最適化]などの設定項目が[名前を付けて保存]ダイアログボックスに表示されます。

 ファイルサイズや保存するページ範囲を設定できる

[PDFまたはXPS形式で発行]ダイアログボックスでは、[最適化]でファイルサイズを小さくするか、印刷の品質を高めるかを選択できます。また、手順2で[オプション]ボタンをクリックすると、PDFとして保存するページの範囲やパスワードによる暗号化などを設定できます。

[オプション]ダイアログボックスで、ページ範囲や暗号化などを設定できる

ほかのソフトウェアとデータをやりとりする
第9章

③ PDFを確認する

ここではMicrosoft EdgeでPDFを開く

❶ [Microsoft Edge] をクリック

❷ [OK] をクリック

PDFを開くソフトウェアが決まっているときは、上記の確認画面は表示されない

専用のPDF閲覧ソフトがインストールされていれば、そのソフトウェアでPDFが表示される

❸ ここを下にドラッグしてスクロール

④ Microsoft Edgeを終了する

PDFを確認できた

[閉じる] をクリック

[Microsoft Edge] が終了する

HINT! PDF閲覧ソフトがあればすぐに開ける

Windows 8.1の標準設定では［リーダー］アプリが手順3で起動します。Windows 7では、Acrobat Reader DCといったPDF閲覧ソフトがインストールされていない場合、自動で起動しません。必要に応じてパソコンにインストールしておきましょう。

▼Adobe Acrobat Reader DCのダウンロードページ
http://get.adobe.com/jp/reader/

HINT! PDF形式のファイルをWordで開ける

PDF形式のファイルをWordで開くと、文書に変換するかどうか確認するメッセージが表示されます。ここで［OK］ボタンをクリックすると、Wordの編集画面にPDFが編集できる文書として表示されます。ただし、すべてのPDFが編集できるわけではありません。

Point

PDFファイルならWordがなくても閲覧できる

PDF（Portable Document Format）は、アドビシステムズが開発した電子文書のファイル形式です。Adobe Acrobat Reader DCなどのPDF閲覧ソフトで閲覧ができるのが特長です。Wordがパソコンにインストールされていなくても、PDF閲覧ソフトがインストールされていれば、どんなパソコンでも閲覧できるので便利です。またパスワードによる暗号化も設定できるので、機密性の高い文書にも利用できます。

この章のまとめ

●データを有効に利用しよう

これまでの章では、Wordを利用してさまざまな文書を作成する方法を紹介してきました。この章では、ほかのソフトウェアで表示したり作成したりしたデータをWordの文書に貼り付ける方法を解説しています。説得力があり、ビジュアル性に富んだ文書を作るときにグラフや表は欠かせません。Excelがパソコンにインストールされていれば、Excelのデータを簡単にコピーして利用できます。レッスン㊼で解説したように、パソコンに表示された画面をコピーし、画像ファイルを文書に挿入するのもWordならお手のもので す。また、数多くのユーザーが利用しているWordですが、すべてのユーザーがWord 2016やWord 2013、Word 2010、Word 2007を使っているとは限りません。そもそもパソコンにWordがインストールされていなければ、Wordで作成した文書を確認できません。Wordが使えない相手に確実に文書を読んでもらいたいときは、PDF形式で文書を保存する方法が役に立ちます。さまざまなアプリとデータをやりとりする方法を覚えれば、さらに効率よくデータを利用できるようになります。

データの利用と変換

ほかのアプリのデータを利用する方法と、Wordの文書をほかのアプリで利用できるようにする方法を覚えれば、データを効率よくやりとりできる

練習問題

1

Excelで［rensyu9.xlsx］を開き、新しいWord文書にグラフをコピーしましょう。Excelでデータを変更したとき、Wordの文書に貼り付けたグラフのデータが更新されるように設定します。

●ヒント　Excelでデータを変更して、Wordの文書に貼り付けたグラフが自動的に更新されるようにするには、［貼り付けのオプション］ボタンで設定します。

グラフのコピーや貼り付けには、［クリップボード］作業ウィンドウを利用する

2

［rensyu9.doc］を開き、互換性を保持したまま［Word文書］形式で文書を保存してみましょう。

●ヒント　［名前を付けて保存］ダイアログボックスで設定を変更します。

ここでは、文書の互換性を保持して保存する

解 答

1

[rensyu9.xlsx]を開き、Wordの新規文書を表示しておく

❶[ホーム]タブをクリック
❷[クリップボード]のここをクリック
❸[グラフエリア]をクリック
❹[コピー]をクリック
貼り付け先のWordの画面に切り替える
❺タスクバーにあるWordのボタンをクリック

コピーするデータを画面で確認して貼り付けを行うには、[クリップボード]作業ウィンドウを利用します。グラフの貼り付け直後に[貼り付けのオプション]ボタンを忘れずにクリックしましょう。

❻グラフを貼り付ける場所をクリック
❼貼り付けるデータをクリック
❽[貼り付けのオプション]をクリック
❾[元の書式を保持しデータをリンク]をクリック

2

[rensyu9.doc]を開いておく

❶[ファイル]タブをクリック
❷[名前を付けて保存]をクリック

❸[このPC]をクリック
❹[参照]をクリック

文書の互換性を保持して保存し直すには、[以前のバージョンの Word との互換性を保持する]にチェックマークを付けて保存します。

❺[ファイルの種類]をクリックして[Word文書]を選択
❻[以前のバージョンのWordとの互換性を保持する]をクリックしてチェックマークを付ける
❼[保存]をクリック

第10章 Wordをクラウドで使いこなす

OneDriveとは、誰でも無料で使える、マイクロソフトのクラウドサービスです。WindowsやOfficeといったマイクロソフト製品との親和性が高いので、Wordからとてもスムーズに利用できます。この章では、OneDriveを使ってWordの文書をスマートフォンで閲覧したり、複数の人と共有したりする方法について解説します。

●この章の内容
- ⑩ 作成した文書をクラウドで活用しよう ……… 258
- ⑪ 文書をOneDriveに保存するには …………… 260
- ⑫ OneDriveに保存した文書を開くには ……… 262
- ⑬ ブラウザーを使って文書を開くには ………… 264
- ⑭ スマートフォンを使って文書を開くには … 266
- ⑮ 文書を共有するには …………………………… 270
- ⑯ 共有された文書を開くには …………………… 274
- ⑰ 共有された文書を編集するには ……………… 276

レッスン 70 作成した文書をクラウドで活用しよう

クラウドの仕組み

OneDriveを使うと、インターネット経由で複数の人とファイルを共有できます。OneDriveは、パソコンだけでなく、スマートフォンやタブレットでも利用できます。

クラウドって何？

クラウドとは、インターネット経由で利用できるさまざまなサービスの総称や形態のことです。WebメールやSNS（ソーシャルネットワーキングサービス）などもクラウドサービスの一種です。この章で解説するOneDriveとは、ファイルをインターネット経由で共有できるクラウドサービスです。OneDriveに文書を保存すると、スマートフォンからアプリで編集できるようになります。また、共有を設定するだけで、複数の人が同時に同じ文書を閲覧したり編集できるようになります。

▶キーワード

Microsoft Edge	p.300
Office.com	p.300
Microsoftアカウント	p.300
OneDrive	p.300
Word Online	p.300
共有	p.302
クラウド	p.302
ファイル	p.307
文書	p.308

MicrosoftアカウントとOneDrive

OneDriveを使うためには、Microsoftアカウントを取得する必要があります。取得は無料でできます。すでに取得済みの場合は、すぐにOneDriveの利用が可能です。また、Windows 10やWindows 8.1にMicrosoftアカウントでサインインしているときは、そのアカウントがそのままWord 2016とOneDriveで利用できます。

OneDriveを開く4つの方法

MicrosoftアカウントでOneDriveを開くには、下の画面にある4つの方法があります。なお、インターネット上で提供されているサービスを利用するとき、登録済みのIDやパスワードを入力してサービスを利用可能な状態にすることを「サインイン」や「ログイン」と呼びます。事前にサインインを実行しておけば、すぐにOneDriveを開けます。

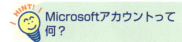

Microsoftアカウントって何？

Microsoftアカウントとは、マイクロソフトが提供するサービスを利用するための専用のIDとパスワードのことです。IDは「○△□●◇@outlook.jp」や「○△□●◇@hotmail.co.jp」などのメールアドレスになっており、マイクロソフトが提供するメールサービスやアプリを利用できます。

●Wordから開く

［開く］の画面で［OneDrive］をクリックする

●エクスプローラーから開く

エクスプローラーを起動して［OneDrive］をクリックする

●Webブラウザーから開く

Microsoft EdgeなどのWebブラウザーでOneDriveのWebページを表示する

●スマートフォンやタブレットから開く

モバイルアプリを使って表示する

レッスン 71 文書をOneDriveに保存するには

OneDriveへの保存

Microsoftアカウントでサインインが完了していれば、WordからOneDriveにすぐ文書を保存できます。パソコンの中に保存するのと同じ感覚で使えます。

1 [名前を付けて保存]ダイアログボックスを表示する

❶[ファイル]タブをクリック
❷[名前を付けて保存]をクリック
❸[OneDrive]をクリック
❹[OneDrive]をクリック

2 保存するOneDriveのフォルダーを選択する

[名前を付けて保存]ダイアログボックスが表示された
ここでは[ドキュメント]フォルダーを選択する
[ドキュメント]をダブルクリック

▶キーワード

Microsoftアカウント	p.300
OneDrive	p.300
フォルダー	p.307
文書	p.308

📄 レッスンで使う練習用ファイル
サンセットツアー.docx

 Wordから保存するときはインターネット接続が必須

手順1で[OneDrive]を選択したときに「インターネット接続がありません」というメッセージが表示されたときは、WordからOneDriveに直接ファイルを保存できません。パソコンをインターネットに接続してから操作をやり直してください。

 OneDriveに保存済みの文書はオフラインでも編集ができる

OneDriveに保存した文書は、インターネット上の領域（クラウド）に保管されます。パソコンとOneDriveの同期設定がされていれば、インターネットに接続していなくてもフォルダーウィンドウの[OneDrive]からファイルを開いて編集ができます。編集した文書は、パソコンがインターネットに接続されたとき、自動でパソコンとOneDriveの間で同期が行われ、ファイルの内容が同じになります。

 間違った場合は?

手順2で保存するフォルダーを間違って選択したときは、左上の[戻る]ボタン（←）で前の画面に戻って、正しいフォルダーを選び直しましょう。

3 ファイルを保存する

[ドキュメント]フォルダーが表示された

[保存]をクリック

4 OneDriveに保存された

OneDriveに文書がアップロードされる

アップロード中は、[OneDriveにアップロードしています]というメッセージが表示される

文書がOneDriveに保存された

アップロードが完了するとメッセージが消える

HINT! OneDriveで利用できる容量とは

OneDriveの容量は、15GBまでは無料で利用できます。それ以上の容量を利用するときは、以下の料金で使用容量を増やせます(2015年9月現在)。また、Office 365 SoloやOneDrive for Businessに加入するとOneDriveのストレージが1TB追加されます。なお、スマートフォン用の[OneDrive]アプリで写真のバックアップ機能を有効にしたり、不定期のキャンペーン特典を受けたりすることで使用容量を無料で増やせます。

●OneDriveのプラン

容量	価格
15 GB	無料
100 GB	190円/月
200 GB	390円/月
1 TB	1,274円/月※

※Office Premium搭載パソコンやOffice 365 Soloで利用できるOffice 365サービスを含む

Point

OneDriveで文書の利便性と安全性が高まる

OneDriveを利用すると、Wordの文書をクラウドに保存できます。OneDriveに保存された文書は、専用のアプリを使ってスマートフォンやタブレットから編集できるようになります。また、Wordをインストールしていないパソコンからでも、Webブラウザーを使って、閲覧や編集もできます。そして、OneDriveに文書を保存しておけば、もしもパソコンが壊れてしまったとしても、クラウドで安全に保管されているので、文書を失う心配がなくなります。

レッスン 72

OneDriveに保存した文書を開くには

OneDriveから開く

WordからOneDriveに保存した文書は、パソコンに保存した文書と同じように、インターネットを経由してクラウドから開いて編集できます。

このレッスンは動画で見られます　**操作を動画でチェック!** ※詳しくは23ページへ

▶キーワード

OneDrive	p.300
フォルダー	p.307
文書	p.308

1 [開く]の画面を表示する

レッスン❷を参考にWordを起動しておく

[他の文書を開く]をクリック

> **HINT!** フォルダーウィンドウからOneDriveのファイルを開くには
>
> OneDriveに保存された文書は、Wordだけではなくフォルダーウィンドウからも開けます。フォルダーウィンドウでもOneDriveのフォルダーにファイルをアップロードできますが、パソコンの容量に余裕があるときは、コピーをしてからアップロードしましょう。
>
> レッスン⓴を参考にフォルダーウィンドウを表示しておく
>
>
>
> ❶[OneDrive]をクリック
>
>
>
> ❷[ドキュメント]をクリック
>
>
>
> 保存されたファイルが表示された

2 OneDriveのフォルダーを開く

[開く]の画面が表示された

❶[OneDrive]をクリック

❷[ドキュメント]をクリック

WordをクラウドでうこなせⅠⅠ第10章

③ OneDriveにあるファイルを表示する

OneDriveの[ドキュメント]にフォルダーにあるファイルが表示された

ファイルをダブルクリック

④ OneDriveにあるファイルが表示された

編集画面にファイルが表示された

HINT! OneDriveを通知領域から表示するには

通知領域にあるOneDriveのアイコンを使うと、アップロードの状況などを確認できます。また、OneDriverの状況を確認する画面から、OneDriveのフォルダーも開けます。なお、OneDriveのアイコンを右クリックし、[OneDrive.comに移動]をクリックすると、OneDriveのWebページをWebブラウザーで表示できます。

❶[隠れているインジケーターを表示します]をクリック

❷[OneDrive]をクリック

OneDriveとの同期状況が表示された

❸[OneDriveフォルダーを開く]をクリック

フォルダーウィンドウにOneDriveのフォルダーが表示される

Point

クラウドを意識せずに自由に操作できる

WordやWindowsでは、OneDriveというクラウドにある文書の保管場所が、パソコンのフォルダーの一部であるかのように操作できるようになっています。そのため、保存や読み込みなどの操作は、通常の文書と同様です。OneDriveから開いた文書も、Wordで保存を実行すれば、クラウドにある文書が更新されます。

レッスン 73

Webブラウザーを使って文書を開くには
Word Online

OneDriveに保存された文書は、WordだけではなくWebブラウザーで閲覧や編集ができます。Wordが入っていないパソコンでも、この方法で文書を利用できます。

1 OneDriveのWebページを表示する

レッスン㊼を参考にMicrosoft Edgeを起動しておく

▶キーワード

Microsoft Edge	p.300
Microsoftアカウント	p.300
Word Online	p.300

▼OneDriveのWebページ
http://onedrive.live.com/

❶ここにOneDriveのURLを入力
❷[Enter]キーを押す

HINT! サインインの画面が表示されたときは

OneDriveのWebページを開こうとすると、サインインの画面が表示されることがあります。そのときは、OneDriveを利用しているMicrosoftアカウントでサインインしてください。Windows 10/8.1でWindowsのサインインをMicrosoftアカウントで行っているときは、OneDriveも同じアカウントでサインインできます。

❶[サインイン]をクリック

2 OneDriveのフォルダーを開く

OneDriveのWebページが表示された

ここでは、レッスン㋳でOneDriveの[ドキュメント]フォルダーに保存した文書を開く

[ドキュメント]をクリック

❷Microsoftアカウントのメールアドレスを入力

❸[次へ]をクリック

❹パスワードを入力

❺[サインイン]をクリック

③ ファイルを表示する

［ドキュメント］フォルダーに
あるファイルが表示された

ファイルを
クリック

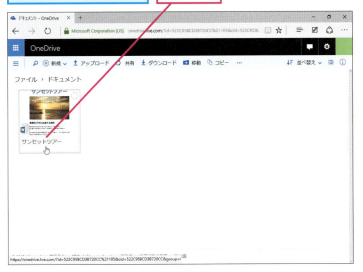

④ OneDriveにあるファイルが表示された

Word Onlineが起動し、新しいタブに
ファイルが表示された

OneDriveのフォルダー一覧を表示するには、画面左上の［OneDrive］をクリックする

文書を閉じるときは、タブの右にある［タブを閉じる］ボタンをクリックするか、Webブラウザーを終了する

Word Onlineで使える機能と使えない機能とは

Word Onlineでは、文章の編集や装飾に図形の挿入など、Wordの基本的な機能が利用できます。また、変更履歴や一部の校正機能も用意されています。ただしWord 2016と比べると、用意されているタブは、［ファイル］［ホーム］［挿入］［ページレイアウト］［校閲］［表示］の一部の機能に制限されています。そのため、ルーラーの表示やマクロの実行といった、高度な編集機能は利用できません。Word Onlineを利用した文書の編集方法については、レッスン㊆で解説しています。

Webブラウザーで文書を開くメリットを知ろう

レッスン㊆では、Wordから直接OneDriveにある文書を開きました。このレッスンで紹介したように、OneDriveにある文書はWebブラウザーで開けるので、OSやパソコンの違いを問わず内容をすぐに確認できます。また、WebブラウザーでOneDriveのWebページを表示したときは、OneDriveにあるすべてのファイルやフォルダーを表示できます。

間違った場合は？

手順3では1つのファイルしか表示されていませんが、複数あるファイルから別のファイルを選んでしまったときは、手順4で［OneDrive］をクリックし、正しいファイルを選び直しましょう。

Point

Webブラウザーだけで文書が確認できると便利

OneDriveは、Webブラウザーが使えるパソコンであれば、WindowsのバージョンやOSの種類に関係なく、Wordの文書を確認できます。また、Microsoft Edge以外のWebブラウザーでも使えます。Wordがなくても文書が確認できるので、使いこなすととても便利です。

レッスン 74

スマートフォンを使って文書を開くには

モバイルアプリ

OneDriveに保存した文書は、パソコンだけではなくスマートフォンやタブレットからも利用できます。iPhoneやiPad、Android端末で文書の確認や編集ができます。

1 [Word]アプリを起動する

付録1を参考にスマートフォンに[Word]アプリをインストールしておく

[Word]をタップ

2 保存場所の一覧を表示する

[Word]アプリが起動した

[開く]をタップ

▶キーワード

OneDrive	p.300
フォルダー	p.307
リボン	p.309

 初回起動時には最新情報が表示される

[Word]アプリを初めて起動すると、公開されたバージョンで利用できる新機能などの紹介画面が表示されます。右上の[完了]をタップすると、手順2の画面が表示されます。

 OneDriveに新しい文書を作成して保存できる

[Word]アプリを使えば、新しい文書を作って、OneDriveに保存できます。外出先で思い付いたメモやアイデアをスマートフォンなどで作成して、後からパソコンのWordで開いて清書する、といった使い方もできます。新しい文書を作成するには、手順2で[白紙の文書]をタップしましょう。

 サインインしないとOneDriveの文書を開けない

iPhoneの場合、[Word]アプリで作成した文書はiPhoneかOneDriveに保存できます。しかし、Microsoftアカウントでサインインしないと、文書をOneDriveに保存できません。もちろん、OneDriveに保存済みの文書も開けません。付録1でサインインを実行していないときは、手順2で[アカウント]をタップしてから[サインイン]をタップし、Microsoftアカウントのメールアドレスとパスワードを入力してサインインを実行します。

Wordをクラウドで使いこなす　第10章

③ OneDriveのフォルダーを開く

[場所]の画面が表示された

❶[OneDrive]をタップ

OneDriveのフォルダーが表示された

❷[ドキュメント]をタップ

④ ファイルを表示する

[ドキュメント]の画面が表示された

ファイルをタップ

HINT! Androidスマートフォンやタブレットでも利用できる

iPhone以外のAndroidを搭載したスマートフォンやタブレットでも、OneDriveの文書を利用できます。画面の表示はiPhone用の[Word]アプリとは異なりますが、利用できる基本的な機能は同じです。

Androidスマートフォンで[Word]アプリを起動しておく

[開く]をタップ

[OneDrive]をタップすると、OneDriveのフォルダーが表示される

⚠ 間違った場合は?

手順3で間違ったフォルダーをタップしてしまったときは、手順4の左上に表示されている[戻る]をタップしましょう。

次のページに続く

⑤ OneDriveにある保存したファイルが表示された

OneDriveに保存された
ファイルが表示された

表示される内容には違いがある

スマートフォンの画面は、パソコンよりも狭いので、表示される文書の内容には細かい部分で違いがあります。画面では文字が1行に収まっていなくても、パソコンで表示すれば正しいレイアウトになります。

最新バージョンのアプリを使おう

[Word]アプリは、不定期にアップデートされます。iPhoneであればホーム画面の[App Store]をタップして、最新バージョンにアップデートしましょう。アプリのアップデートは無料ですが、容量が大きい場合、Wi-Fi接続でないとアップデートできません。

間違った場合は?

間違った文書を開いてしまったときは、その文書を閉じて、正しい文書を開き直しましょう。

テクニック 外出先でも文書を編集できる

モバイルアプリでは、文書の閲覧だけではなく、簡単な編集もできます。画面が狭いので、正確なレイアウトは確認できませんが、文字の修正や装飾などを修正できます。パソコンで作りかけの文書をOneDriveに保存しておいて、移動中や出張先などでモバイルアプリを使い、文章を推敲したり気になる個所にメモを追加したりすると便利です。

ここをタップ

文書の表示が拡大され、編集の画面が表示された

左上の[完了]をタップすると、編集画面が閉じる

❻ ファイルを閉じる

ここではそのまま
文書を閉じる

ここをタップ

❼ ファイルが閉じた

ファイルが閉じ、
[ドキュメント] の
画面が表示された

💡HINT! タブを表示するには

[Word] アプリでタブを表示するには、手順5でをタップします。画面の下半分に [ホーム] が表示され、書式やフォントの変更などを実行できます。別のタブを表示するには、[ホーム] の右にある⌄をタップして [挿入] や [レイアウト] タブに切り替えましょう。なお、右に表示される▼をタップするとタブが非表示になります。

前ページのテクニックを参考に
編集の画面を表示しておく

ここをタップ

リボンのメ
ニューが表
示された

ここをタップす
ると、タブを切
り替えられる

ここをタップすると、
タブが非表示になる

Point

文書をスマートフォンと連携すると便利

OneDriveを利用すると、このレッスンのように文書をスマートフォンで確認したり、簡単な編集ができるようになります。OneDriveを経由して、Wordで保存した文書をスマートフォンで確認したり、スマートフォンで作成した下書きをWordで清書したり、といった使い分けもできるので便利です。

74 モバイルアプリ

できる 269

レッスン 75 文書を共有するには

共有

OneDriveに保存した文書は、共有を設定すると、自分だけではなくほかの人が文書を閲覧したり編集できるようになります。Wordから文書を共有してみましょう。

1 [共有]作業ウィンドウを表示する

レッスン⑫を参考に、OneDriveに保存した文書をWordで開いておく

[共有]をクリック

▶キーワード

OneDrive	p.300
共有	p.302
作業ウィンドウ	p.303
フォルダー	p.307

HINT! 共有するリンクをメールで送るには

Wordを使わずに、OneDriveの共有リンクをメールで相手に送りたいときは、[共有リンクを取得]で、URLを作成します。複数の人たちにまとめてリンクを知らせるときに使うと、便利です。

[共有リンクを取得]をクリック

[編集リンクの作成]をクリックすると、相手が文書を編集できる共有リンクが作成される

[表示のみのリンクの作成]をクリックすると、相手が文書の表示のみが可能な共有リンクが作成される

[コピー]をクリックしてメールの本文などに貼り付ける

2 共有相手のメールアドレスを入力する

[ユーザーの招待]に共有相手のメールアドレスを入力する

共有相手のメールアドレスを入力

Wordをクラウドで使いこなす 第10章

テクニック Webブラウザーを使って文書を共有する

OneDriveをWebブラウザーで開いているときも、文書に共有を設定できます。複数の文書をまとめて共有したいときや、Wordが使えないパソコンで共有リンクを相手に送りたいときなどに利用すると便利です。
また、Webブラウザーから共有リンクを指定すると、文書ごとだけではなく、フォルダー単位でも共有を設定できます。文書が多いときなどは、フォルダーを共有するといいでしょう。

レッスン㊽を参考にWebブラウザーでOneDriveのWebページを表示しておく

❶共有する文書の右上にマウスポインターを合わせる
❷そのままクリックしてチェックマークを付ける
❸[共有]をクリック
[共有]の画面が表示された
❹共有相手のメールアドレスを入力
❺共有相手に送るメッセージを入力
❻[共有]をクリック

共有がブロックされたときは、[ご自身のアカウント情報を確認]をクリックし、携帯電話のメールアドレスを入力してから確認コードを入力する

3 文書を共有する

共有相手のメールアドレスが入力された

❶共有相手に送るメッセージを入力
❷[共有]をクリック

HINT! 共有する文書の権限を設定するには

文書の共有設定は、標準で共有リンクを受け取った相手も文書を編集できるようになっています。もしも、閲覧だけを許可するには、以下の手順で、[表示可能]に設定しておきましょう。

ここをクリック

[表示可能]をクリックすると、共有相手は文書を編集できない

次のページに続く

④ 文書の共有が完了した

共有相手が表示され、文書が共有された

⑤ ［共有］作業ウィンドウを閉じる

［閉じる］をクリック

［共有］の画面が閉じる

 共有を解除するには

共有を解除したいときは、手順4の画面で削除したい相手を右クリックし、［ユーザーの削除］を選びます。

❶削除するユーザーの名前を右クリック　❷［ユーザーの削除］をクリック

 間違った場合は?

共有する相手を間違えたときは、HINT!を参考にしてメールを送った相手との共有を解除しましょう。

Point

共有を使えば共同作業が便利になる

OneDriveに保存した文書は、共有したい相手にメールを送るだけで、複数のメンバーで、閲覧したり編集したりすることができます。メールを受け取った相手は、その文面にあるリンク先を開くだけで、Webブラウザーなどから OneDriveの文書を共有できます。ただし、OneDriveによる共有は、リンク先を知っている誰もが文書を閲覧できるようになるので注意しましょう。文書は限られた人だけと共有し、相手には文書の取り扱いや公開の可否を伝えるようにしましょう。

テクニック OneDriveのフォルダーを活用すると便利

WebブラウザーでOneDriveを開くと、フォルダーを作成して、そこに文書をまとめて保存できます。フォルダーに保存された文書は、フォルダーに共有を設定するだけで、すべての文書が共有できるようになります。複数の人たちで、多くの文書を相互に編集し合って作業するときは、あらかじめ共有を設定したフォルダーを用意しておいて、そこに文書を保存して利用すると便利です。なお、手順4の画面で［受信者に編集を許可する］をクリックし、［受信者は表示のみ可能］をクリックすると、フォルダー内のファイルを相手が編集できなくなります。同様に受信者のアカウントも設定できますが、［受信者にMicrosoftアカウントは不要］のままにしておきましょう。

1 新しいフォルダーを作成する

2 フォルダー名を付ける

3 フォルダーを共有する

4 あて先とメッセージを入力する

5 共有の設定が完了した

レッスン 76

共有された文書を開くには

共有された文書

このレッスンでは、編集可能の状態でOneDriveの文書を共有し、共有先に自分が指定された例で共有ファイルを表示する方法を紹介します。

1 [メール]アプリを起動する

ここでは、田中さんが共有した文書を大野さんが開く例で操作を解説する

ここでは、Windows 10の[メール]アプリを利用する

[スタート]メニューを表示しておく

[メール]をクリック

▶キーワード

Microsoft Edge	p.300
Microsoftアカウント	p.300
OneDrive	p.300
Word Online	p.300
インストール	p.301
共有	p.302
文書	p.308

 普段利用しているメールで受信できる

手順1ではWindows 10の[メール]アプリを利用していますが、OneDriveから届く共有通知メールは、Microsoftアカウントから発信されたメールを受信できるメールソフトやWebメールであれば、何を利用しても構いません。メールの環境によっては、送信者のメールアドレスがMicrosoftアカウントの場合、セキュリティ対策でブロックされる場合があります。うまく受信できない場合には、システム管理者などに確認してみましょう。

2 [メール]アプリの画面が表示された

[ようこそ]の画面が表示されたときは、[使ってみる]をクリックし、[アカウント]の画面で[開始]をクリック

文書の共有に関するメールが田中さんから届いた

 Wordがなくても閲覧できる

OneDriveで共有されたWord文書は、使っているパソコンにWordがインストールされていなくても、Webブラウザーで表示できます。

 間違った場合は？

間違ってほかのメールを開いてしまったときには、左側の一覧から、正しいメールをクリックしましょう。

③ 共有された文書を表示する

通知メールに表示されているリンクをクリックして、OneDrive上の共有された文書を表示する

[OneDriveで表示]をクリック

④ 共有された文書が表示された

Microsoft Edgeが起動し、OneDrive上に共有されている文書が表示された

Microsoft Edgeの起動と同時にWord Onlineが起動する

次のレッスンで引き続き操作するので、このまま表示しておく

HINT! Webブラウザーでファイルをダウンロードするには

手順4ではWord Onlineで文書ファイルが表示されます。以下の手順を実行すれば、パソコンの[ダウンロード]フォルダーに文書ファイルをダウンロードできます。

❶ここをクリック

❷[ダウンロード]をクリック

ダウンロードに関する通知が表示された

❸[ダウンロードの表示]をクリック

[ダウンロード]の画面に文書ファイルが表示された

❹[フォルダーを開く]をクリック

[ダウンロード]フォルダーが表示される

Point

共有された文書はWebブラウザー上で閲覧できる

OneDriveで共有された文書は、Word Onlineにより、Webブラウザーで内容を表示できます。Windows以外のパソコンを使っていたり、パソコンにWordがインストールされていなかったりする場合でも、OneDriveを活用すれば文書を閲覧できます。また、Webブラウザーによる文書の閲覧では、Microsoftアカウントは不要です。リンク先さえ知っていれば、誰でも閲覧できます。

レッスン 77

共有された文書を編集するには

Word Onlineで編集

OneDriveで共有された文書は、Webブラウザーで閲覧や編集ができます。また、パソコンにWordがインストールされていれば、Wordでも編集できます。

このレッスンは動画で見られます　操作を動画でチェック！　※詳しくは23ページへ

▶キーワード

Microsoftアカウント	p.300
OneDrive	p.300
Word Online	p.300
インストール	p.301
文書	p.308

Microsoftアカウントでサインインする

レッスン⓻を参考に、共有された文書をWebブラウザーで表示しておく

［サインイン］をクリック

なぜサインインするの？

Webブラウザーによる編集では、手順1のようにサインインしなくても、作業できます。しかし、サインインしておくと、編集内容やコメントなどに、作業者のアカウントが表示されます。そのため、共同で編集するときには、サインインしておいた方がいいでしょう。

Word Onlineの編集画面を表示する

Webブラウザーで OneDriveにサインインできた

共有された文書を編集するために、Word Onlineの編集画面を表示する

❶［文書の編集］をクリック

❷［Word Onlineで編集］をクリック

間違った場合は？

Wordがインストールされていないパソコンの場合、手順2で［Wordで編集］をクリックしてしまうと、「このms-wordを開くには新しいアプリが必要です」というメッセージが画面に表示されます。メッセージ以外の画面をクリックしてください。次に「文書をMicrosoft Wordで開いています...」というメッセージが画面に表示されるので、［閉じる］ボタンをクリックして手順2から操作をやり直しましょう。Wordがインストールされているパソコンで［Wordで編集］をクリックしたときは、［閉じる］ボタンをクリックして、操作をやり直します。

③ 文書の入力されたコメントを表示する

| Word Onlineの編集画面が表示された | コメントのアイコンが表示された |

コメントのアイコンをクリック

④ コメントの一覧が表示された

| [コメント]の画面が表示された | 文書に入力されたコメントの詳細が表示された |

HINT! Wordを起動して編集することもできる

パソコンにWordがインストールされていれば、手順2の操作2で［Wordで編集］をクリックするか、手順3で［WORDで開く］を選び、確認の画面で［はい］ボタンをクリックすると、Wordで文書を編集できるようになります。

HINT! WordがインストールされていないパソコンでWORDで開く］をクリックしたときは

Wordがインストールされていないパソコンの場合、手順3で［WORDで開く］をクリックすると、アプリの関連付けに関する画面が表示されます。［ストアでアプリを探す］を選んで［OK］ボタンをクリックすると、Windowsストアにある［Word Mobile］アプリが表示されます。［Word Mobile］アプリは、画面サイズが10.1インチ以下の機器で利用できますが、一部の機能はOffice 365サービスを契約しないと利用できません。

| [Word Mobile］アプリをインストールしないときは、下の画面以外をクリックして閉じておく |

[WORDで開く]をクリック

HINT! 編集する権限が設定されていないときは

共有された文書が［表示可能］もしくは、［受信者は表示のみ可能］に設定されているときは、手順2で［文書の編集］を選べません。データを編集したいときは、画面右上の［OneDriveに追加］をクリックして自分のOneDriveのフォルダーに文書を保存して編集を実行します。

次のページに続く

5 文書を修正する

コメントの指示に合わせて文書を編集する

❶ここをクリック

カーソルが表示され、文書が編集できるようになった

❷ここにマウスポインターを合わせる

❸ここまでドラッグ

 Word Onlineの機能は進化する

Webブラウザーで利用するWord Onlineは、クラウドサービスです。マイクロソフトは不定期に機能や性能を改善しているため、利用できる編集機能が増える場合があります。

 間違った場合は？

手順6で違う色を選んでしまったときは、あらためて正しい色を選び直しましょう。

テクニック 共有された文書をパソコンに保存する

共有された文書は、その複製をパソコンにダウンロードできます。[名前を付けて保存]の画面では、Wordで編集できる文書のほかに、PDFに変換してダウンロードできます。
共同作業が完了した文書のバックアップや、保管用としてPDFを保存したいときに利用すると便利です。276ページの手順2で[その他]ボタン（…）をクリックし、[ダウンロード]や[PDFとしてダウンロード]をクリックしても同様に操作できます。

❶[ファイル]をクリック

❷[名前を付けて保存]をクリック

[名前を付けて保存]の画面が表示された

[コピーのダウンロード]をクリックすると、文書のコピーをパソコンにダウンロードできる

[PDFとしてダウンロード]をクリックすると、文書をPDFにしてダウンロードできる

⑥ 修正を実行する

文字が選択された

ここでは選択した文字の色を
[オレンジ]に変更する

❶[フォントの色]の
ここをクリック

❷[オレンジ]を
クリック

⑦ コメントの返信画面を表示する

選択した文字の色が
変更された

文字の色を変更したことを
コメントの返信に入力する

❶返信するコメントを
クリック

❷[返信]を
クリック

HINT! 新しいコメントを入力することもできる

Word Onlineによる編集では、文字だけではなくコメントも追加できます。新しいコメントを追加したいときは、あらかじめカーソルを挿入する位置に移動してから、コメントを挿入します。

[新しいコメント]をクリックすると、コメントの入力画面が表示される

HINT! 修正内容を戻すには

編集などの作業を間違えたときは、[元に戻す]でやり直しできます。また、Word Onlineは、作業した内容が自動的に保存されるので、最後に修正を加えた人の編集結果が、常に最新の文書としてOneDriveに残っています。

[元に戻す]を
クリック

編集した内容が
取り消される

次のページに続く

❽ 返信のコメントを入力する

コメントの返信画面が表示された

❶ 返信のコメントを入力

❷ [投稿]をクリック

💡HINT! ほかのユーザーの状況が分かる

複数の人が同時にOneDriveの同じ文書を編集していると、誰がアクセスしているかが表示されます。相手のカーソルの位置や編集した内容もリアルタイムで表示されるので、離れた場所にいるユーザー同士でも、便利に共同で作業できます。

同時に編集しているユーザーが表示される

❾ 文書を閉じる

コメントに返信できた

❶ [閉じる]をクリック

コメントの一覧が閉じた

❷ [閉じる]をクリック

Webブラウザーが閉じる

💡HINT! 保存の状態を確認するには

Word Onlineで編集した内容が、確実にOneDriveに保存されたかどうか確かめたいときは、Webブラウザーの下に表示されている［保存中...］が［ONEDRIVEに保存］になったかどうかを確認しましょう。

📘Point 文書の共有は共同作業に便利

OneDriveの文書は、複数の人たちが同時に開いて編集しても、常に最後の更新内容を反映するので、誰もが最新の文書を確認できます。メールに文書を添付して複数のコピーを配布してしまうと、バラバラに加えられた修正を1つの文書に反映させるのが大変です。OneDriveの共有を使えば、1つの文書を全員で同時に編集できるので、共同で文書を完成させたいときに使うと便利です。

テクニック Windows 7ではOneDriveアプリを活用しよう

Windows 7では、OneDriveアプリをインストールすると、Windows 7の起動と同時にフォルダーウィンドウからすぐにOneDriveにアクセスできるようになります。エクスプローラーを起動し、ナビゲーションウィンドウから[OneDrive]をクリックすれば、パソコンの中のフォルダーと同じ感覚でファイルの追加や削除ができます。なお、Windows 8.1やWindows 10では、OneDriveアプリをインストールする必要がありません。

1 OneDrive アプリをダウンロードする

264ページを参考に、Internet ExplorerでOneDriveのWebページを表示しておく

❶[ダウンロード]をクリック

❷[今すぐダウンロード]をクリック

❸[実行]をクリック

[ユーザーアカウント制御] ダイアログボックスが表示された

❹[はい]をクリック

インストールの進行状況が表示された

2 サインインを実行する

❶[使ってみる]をクリック

❷Microsoftアカウントを入力

❸Microsoftアカウントのパスワードを入力

❹[サインイン]をクリック

3 フォルダーの場所を確認する

❶[次へ]をクリック

❷同期の設定画面で[次へ]をクリック

❸[完了]をクリック

フォルダーウィンドウに[OneDrive]が表示されるようになった

この章のまとめ

● OneDriveで、Wordの活用の幅がさらに広がる

この章では、OneDriveというマイクロソフトのクラウドサービスに、Wordで作成した文書を直接保存する方法を紹介しました。OneDriveに保存した文書は、Wordがインストールされていないパソコンでも、Webブラウザーで閲覧や編集ができます。また、文書を共有して、複数の人との間でコメントを挿入してやりとりするなどの共同作業も簡単に行えます。

OneDriveを利用すれば、サーバーやファイル共有のシステムなどを構築しなくても、柔軟に文書を複数の人と共有できます。また、OneDriveに保存した文書は、パソコンはもちろん、スマートフォンやタブレットなどでも閲覧できるので便利です。ほかの人と文書を共有して作業するときにOneDriveを活用してみましょう。

文書が手軽に共有できる
OneDriveを使えば、簡単な操作で文書を共有して、複数のメンバーで文書の閲覧や編集ができる

練習問題

1

［名前を付けて保存］ダイアログボックスでOneDriveに「共同作業用フォルダー」という名前のフォルダーを作成して、Wordの文書を保存してみましょう。

●ヒント　［名前を付けて保存］ダイアログボックスにある［新しいフォルダー］ボタンをクリックすると、新しいフォルダーを作成できます。

新しいフォルダーにファイルをコピーする

2

練習問題1でOneDriveに保存したファイルをWord Onlineで編集して、画像に［図のスタイル］の［角丸四角形、反射付き］を設定してみましょう。

●ヒント　［文書の編集］ボタンの［Word Onlineで編集］を選択すると、Word Onlineの編集画面が表示されます。画像をクリックして選択すれば［図ツール］の［書式］タブが表示されます。

［図のスタイル］を［角丸四角形、反射付き］に設定する

解 答

[名前を付けて保存]ダイアログボックスを表示しておく

❶[新しいフォルダー]をクリック

OneDrive を開いて、新しいフォルダーを作成したら、[共同作業用フォルダー]という名前を入力します。
それから[共同作業用フォルダー]を開いて、[保存]ボタンをクリックします。

新しいフォルダーが作成された

❷フォルダー名を入力

❸作成されたフォルダーをダブルクリック

❹[保存]をクリック

レッスン㊳を参考に、文書をWebブラウザーで表示しておく

Web ブラウザーで OneDrive にある文書を開き、[文書の編集]ボタンの[ブラウザーで編集]をクリックして、Word Online の編集画面を表示します。画像をクリックすると[図ツール]の[書式]タブが表示されるので、[図のスタイル]にある[角丸四角形、反射付き]をクリックしましょう。

❶画像をクリック

❷[図ツール]の[書式]タブをクリック

❸[角丸四角形、反射付き]をクリック

付録1　Officeのモバイルアプリをインストールするには

iOSやAndroidを搭載したスマートフォンやタブレットでは、マイクロソフトが提供している［Word］アプリを使うと、OneDriveに保存している文書を利用できます。ここではiPhoneを例に、［Word］アプリをインストールする方法を紹介します。

アプリのインストール

 ［App Store］を起動する

ホーム画面を表示しておく

［App Store］をタップ

 アプリの検索画面を表示する

［App Store］が起動した

［検索］をタップ

 アプリを検索する

検索画面が表示された　［検索］をタップ

Androidスマートフォンやタブレットで利用するには

Androidを搭載したスマートフォンやタブレットでは、289ページで解説している方法で［Word］アプリをインストールして利用します。

次のページに続く

できる　285

④ アプリの検索を実行する

検索ボックス文字を入力できるようになった

❶「word」と入力

❷ [Search] をタップ

⑤ アプリが検索された

アプリの検索結果が表示された

[入手]をタップ

⑥ アプリをインストールする

ボタンの表示が[インストール]に変わった

[インストール]をタップ

アプリのインストールが開始された

⑦ アプリがインストールされた

アプリのインストールが完了し、ボタンの表示が[開く]に変わった

アプリの初期設定

8 アプリを起動する

ホーム画面を表示しておく

[Word]をタップ

9 サインインの画面を表示する

アプリを初めて起動したときは、操作解説の画面が表示される

❶画面を左にスワイプ

使い慣れたコマンドを1回のタップで実行

アイコンをタップすると、すべての編集オプションが表示されます。

❷画面を左にスワイプ

閲覧がより便利に

タップすると、テキストが読みやすい形式で表示されます。もう一度タップすると、実際のレイアウトが表示されます。どちらでも編集できます。

HINT! サインインして利用しよう

[Word]アプリは、Microsoftアカウントがなくても、インストールして利用できます。しかし、Microsoftアカウントでサインインしていないと、OneDriveに保存されている文書は利用できません。OneDriveを利用するためには、パソコンで使っているMicrosoftアカウントでサインインしましょう。

10 サインインを実行する

サインインの画面が表示された

[サインイン]をタップ

Office

ドキュメントを作成/編集するにはサインインします

お使いの Microsoft アカウントか、職場や学校のアカウントで Office 365 にアクセスします

サインイン

アカウントの作成

後でサインイン 》

間違った場合は?

間違って[アカウントの作成]をタップしてしまったときは、左上の[戻る]をタップして[サインイン]をタップし直しましょう。

次のページに続く

付録

メールアドレスを入力する

[サインイン]の画面が表示された

❶Microsoftアカウントのメールアドレスを入力

❷[次へ]をタップ

12 パスワードを入力する

入力したMicrosoftアカウントが表示された

❶パスワードを入力

❷[サインイン]をタップ

 サインインが完了した

[準備が完了しました]の画面が表示された

[作成および編集]をタップ

間違った場合は?

手順12で入力したMicrosoftアカウントが表示されず、サインインできないときは、手順11で入力するMicrosoftアカウントをもう一度確認してから入力し直しましょう。

 タブレット版の画面はスマートフォン版と異なる

スマートフォンとタブレットでは、[Word]アプリの画面に少し違いがあります。例えば、メニューの並ぶ位置やタブの表示など、画面の広いタブレットの方が、よりパソコンに近い表示になります。

14 アプリの更新情報を確認する

アプリのバージョンが変更されたときは[最新情報]の画面が表示される

[完了]をタップ

15 アプリの初期設定が完了した

[Word]の初期設定が完了し、[新規]の画面が表示された

HINT! Androidスマートフォンでアプリをインストールするには

Androidを搭載したスマートフォンやタブレットに[Word]アプリをインストールするには、GoogleのPlayストアを利用します。[Word]アプリを起動すると、サインインの画面が表示されるので、iPhoneの例を参考にMicrsoftアカウントでサインインしましょう。

❶[Playストア]をタップ
❷検索ボックスをタップ
❸「word」と入力
❹ここをタップ
検索結果が表示された
❺[Microsoft Word]をタップ
❻[インストール]をタップ

付録2　Officeをアップグレードするには

Office 2013がインストールされているパソコンで、Office Premiumのライセンスを使って、Wordを2016にアップグレードする手順を紹介します。Office 365 Soloを使っているユーザーも、同様の手順でアップグレードできます。

1 Microsoft Edgeを起動する

［スタート］メニューを表示しておく

［Microsoft Edge］をクリック

タスクバーのボタンをクリックしてもいい

Microsoft Edgeが起動した

カーソルが表示され、URLが入力できるようになった

2 OfficeのWebページを表示する

▼［マイアカウント］ページ
http://office.com/myaccount/

❶［マイアカウント］ページのURLを入力

❷ Enter キーを押す

新規にインストールするには

Word 2016を新規にパソコンにインストールするには、Office製品のプロダクトキーが記載されているPOSAカードを店舗などで購入するか、インターネット経由でダウンロード版を購入します。また、新規にインストールするときは、セットアップページを表示し、プロダクトキーを入力します。プロダクトキーが認証され、ダウンロードとインストールが完了すればWord 2016を使えるようになります。

③ サインインを実行する

Officeのサインインのページが表示された

❶ Microsoftのメールアドレスを入力

❷ パスワードを入力

❸ [サインイン]をクリック

④ アップグレードをダウンロードする

再インストールのWebページが表示された

[再インストール]をクリック

HINT! [追加のインストールオプション]って何？

初期状態ではOffice 2016の32ビット版がインストールされるようになっています。パソコンにWindows 10/8.1の64ビット版がインストールされている場合は、64ビット版のOffice 2016をインストールすることもできます。64ビット版をインストールしたいときは、以下の手順を参考にインストールします。また、Office 2013をインストールすることも可能です。

再インストールのWebページを表示しておく

[追加のインストールオプション]をクリック

[追加のインストールオプション]のWebページが表示された

32ビット版と64ビット版のどちらかでOfficeをインストールできる

通常は、32ビット版のOfficeをインストールする

次のページに続く

⑤ アップグレードを実行する

アップグレードファイルのダウンロードに関する通知が表示された

［実行］をクリック

⑥ アップグレードが開始された

インストールの画面が表示された

⑦ アップグレードが完了した

［すべて完了です］と表示され、アップグレードが完了した

［閉じる］をクリック

⑧ アップグレードを終了する

手順6の画面が表示された

❶［閉じる］をクリック

Microsoft Edgeを終了する

❷［閉じる］をクリック

HINT! インストールした後は定期的にアプリの更新を確認しよう

Word 2016はWindowsの更新機能を経由して、セキュリティの強化や不具合の修正が行われることがあります。更新は自動で行われますが、手動で定期的にチェックしておけば、より安心です。

付録3　プリンターを使えるようにするには

パソコンからプリンターに印刷できるようにするには、プリンタードライバーと呼ばれる制御ソフトをインストールする必要があります。インストール方法はプリンターによって異なるので、取扱説明書をよく確認してください。なお、プリンタードライバーはメーカーのWebページでもダウンロードができます。

1 必要なものを用意する

ここでは例として、キヤノン製プリンター「PIXUS MG3530」を接続する

ダウンロードしたドライバーを利用するときは、実行ファイルをダブルクリックして手順4を参考に[はい]をクリックする

◆プリンター

◆ドライバー CD-ROM

プリンターの電源は切っておく

◆USBケーブル

ここではプリンタードライバーを付属CD-ROMからインストールするので、プリンターの電源は切っておく

2 プリンタードライバーのCD-ROMをセットする

光学ドライブのないパソコンでは、外付けの光学ドライブを接続する

❶パソコンのドライブを開く

❷プリンターに付属しているドライバー CD-ROMをセット

3 プリンタードライバーのCD-ROMを選択する

フォルダーウィンドウを表示しておく

プリンターのインストールプログラムを実行する

[(ドライブ名)]をダブルクリック

4 インストールの実行を許可する

[ユーザーアカウント制御]ダイアログボックスが表示された

[はい]をクリック

次のページに続く

付録

5 プリンタードライバーのインストールを開始する

MG3530のインストール画面が表示された

[次へ]をクリック

6 プリンターとの接続方法を選択する

セットアップガイドがコピーされ、プリンターとの接続方法を選択する画面が表示された

ここではUSBケーブルでの接続方法を選択する

[USB接続]をクリック

「ドライバー」って何？

周辺機器をパソコンから使えるようにするための制御ソフトが「ドライバー」です。通常は周辺機器に付属しているCD-ROMなどからインストールを行いますが、パソコンに接続するだけで自動で認識される周辺機器もあります。周辺機器をパソコンに接続する前は、取扱説明書や電子マニュアルなどでドライバーに関する情報を確認しておきましょう。

7 インストールするソフトウェアを選択する

[インストールソフトウェア一覧]の画面が表示された

ここではドライバーのみをインストールする

❶[すべてクリア]をクリック

❷[次へ]をクリック

8 使用許諾契約に同意する

[使用許諾契約]の画面が表示された

❶ここを下にドラッグして内容を確認

❷[はい]をクリック

[無線LAN接続]と[USB接続]は何が違うの？

無線LAN接続の場合は、USB接続と違ってパソコンとプリンターを物理的に接続する必要がありません。プリンターと無線LANアクセスポイント、無線LANアクセスポイントとノートパソコンで電波が届く範囲なら、離れた場所から印刷ができます。

⑨ 警告のダイアログボックスが表示された場合の対処方法を確認する

警告のメッセージがダイアログボックスで表示された場合の対処方法が表示された

❶内容を確認

❷[次へ]をクリック

⑩ インストールが開始される

インストールの状況が表示される

ドライバーのインストールが開始された

インストールが完了するまで、しばらく待つ

ドライバーをインターネットからダウンロードしてもいい

プリンタードライバーは、OSのバージョンアップや不具合の修正などによって定期的にアップデートされます。プリンターメーカーのWebページでは、機種と利用するOSごとにプリンタードライバーをダウンロードできるようになっています。キヤノンの場合、下記のWebページから最新のプリンタードライバーをダウンロードできます。

▼CANONソフトウェアダウンロードのWebページ
http://cweb.canon.jp/e-support/software/

⑪ パソコンとプリンターを接続する

[プリンターの接続]の画面が表示された

パソコンとプリンターをUSBケーブルで接続する

◆USBポート

❶箱状のコネクタをプリンターのUSBポートに接続

❷板状のコネクタをパソコンのUSBポートに接続

❸プリンターの電源を入れる

◆USBポート

⑫ プリンターがパソコンに認識された

プリンターが使えるようになったことを確認

次のページに続く

付録

13 ヘッド位置調整機能の案内を確認する

［ヘッド調整位置のご案内］の画面が表示された

［次へ］をクリック

間違った場合は？

手順12でプリンターが検出されないときは、パソコンとプリンターが正しく接続されていない可能性があります。USBケーブルの接続を確認して、もう一度、プリンターの電源を入れ直しましょう。

15 調査プログラムのインストールに関する確認画面が表示された

［使用状況調査プログラム］の画面が表示された

ここでは調査プログラムをインストールせず、操作を進める

［同意しない］をクリック

14 セットアップを終了する

［セットアップの終了］の画面が表示された

［次へ］をクリック

［使用状況調査プログラム］って何？

手順15で表示される「使用状況調査プログラム」とは、プリンターに記録されている情報をキヤノンに自動送信するものです。プリンターの記録情報とは、主にプリンターの設置日時やインクの使用状況、プリンターを利用しているOSの情報などです。個人情報は一切送信されず、プリンターの利用者が特定されるようなことはありません。

16 インストールを終了する

［インストールが完了しました］の画面が表示された

［終了］をクリック

CD-ROMをパソコンのドライブから取り出しておく

プリンターが使えるようになった

付録4　ショートカットキー一覧

さまざまな操作を特定の組み合わせで実行できるキーのことをショートカットキーと言います。ショートカットキーを利用すれば、WordやWindowsの操作を効率化できます。

●Office共通のショートカットキー

ファイルの操作

操作	キー
[印刷]画面の表示	Ctrl + P
ウィンドウを閉じる	Ctrl + F4 ／ Ctrl + W
ウィンドウを開く	Ctrl + F12 ／ Ctrl + O
上書き保存	Shift + F12 ／ Ctrl + S
名前を付けて保存	F12
新規作成	Ctrl + N

編集画面の操作

操作	キー
1画面スクロール	PageDown（下）／ PageUp（上）／ Alt + PageDown（右）／ Alt + PageUp（左）
下線の設定／解除	Ctrl + U ／ Ctrl + 4
行頭へ移動	Home
[検索]の表示	Shift + F5 ／ Ctrl + F
最後のセルへ移動	Ctrl + End
斜体の設定／解除	Ctrl + I ／ Ctrl + 3
[ジャンプ]ダイアログボックスの表示	Ctrl + G ／ F5
すべて選択	Ctrl + A
選択範囲を1画面拡張	Shift + PageDown（下）／ Shift + PageUp（上）
選択範囲を切り取り	Ctrl + X
選択範囲をコピー	Ctrl + C
先頭へ移動	Ctrl + Home
[置換]タブの表示	Ctrl + H
直前操作の繰り返し	F4 ／ Ctrl + Y
直前操作の取り消し	Ctrl + Z
貼り付け	Ctrl + V
太字の設定／解除	Ctrl + B ／ Ctrl + 2

文字の入力

操作	キー
カーソルの左側にある文字を削除	Backspace
入力の取り消し	Esc
文字を全角英数に変換	F9
文字を全角カタカナに変換	F7
文字を半角英数に変換	F10
文字を半角に変換	F8
文字をひらがなに変換	F6

●Wordのショートカットキー

画面表示の操作

操作	キー
アウトライン表示	Alt + Ctrl + O
印刷レイアウト表示	Alt + Ctrl + P
下書き表示	Alt + Ctrl + N

書式とスタイル

操作	キー
一括オートフォーマットの実行	Alt + Ctrl + K
一重下線	Ctrl + U
大文字／小文字の反転	Shift + F3
書式のコピー	Ctrl + Shift + C
書式の貼り付け	Ctrl + Shift + V
中央揃え	Ctrl + E
二重下線	Ctrl + Shift + D
左インデントの解除	Ctrl + Shift + M
左インデントの設定	Ctrl + M
左揃え	Ctrl + L
フォントサイズの1ポイント拡大	Ctrl +]
フォントサイズの1ポイント縮小	Ctrl + [
[フォント]ダイアログボックスの表示	Ctrl + D ／ Ctrl + Shift + P ／ Ctrl + Shift + F
右揃え	Ctrl + R
両端揃え	Ctrl + J

表の操作

操作	キー
行内の次のセルへ移動	Tab
行内の前のセルへ	Shift + Tab
行内の先頭のセルへ	Alt + Home
行内の最後のセルへ	Alt
列内の先頭のセルへ	Alt + PageUp
列内の最後のセルへ	Alt + PageDown
前の行へ	↑
次の行へ	↓
上へ移動	Alt + Shift + ↑
下へ移動	Alt + Shift + ↓

付録5　ローマ字変換表

ローマ字入力で文字を入力するときに使うキーと、読みがなの対応規則を表にしました。ローマ字入力で文字を入力しているときに、キーの組み合わせが分からなくなったときは、この表を参照してください。

あ行

あ	い	う	え	お
a	i	u	e	o
	yi	wu		
		whu		

ぁ	ぃ	ぅ	ぇ	ぉ
la	li	lu	le	lo
xa	xi	xu	xe	xo
	lyi		lye	
	xyi		xye	

	いぇ			
	ye			

うぁ	うぃ		うぇ	うぉ
wha	whi		whe	who

か行

か	き	く	け	こ
ka	ki	ku	ke	ko
ca		cu		co
		qu		

きゃ	きぃ	きゅ	きぇ	きょ
kya	kyi	kyu	kye	kyo

くゃ		くゅ		くょ
qya		qyu		qyo

くぁ	くぃ	くぅ	くぇ	くぉ
qwa	qwi	qwu	qwe	qwo
qa	qi		qe	qo
	qyi		qye	

が	ぎ	ぐ	げ	ご
ga	gi	gu	ge	go

ぎゃ	ぎぃ	ぎゅ	ぎぇ	ぎょ
gya	gyi	gyu	gye	gyo

ぐぁ	ぐぃ	ぐぅ	ぐぇ	ぐぉ
gwa	gwi	gwu	gwe	gwo

さ行

さ	し	す	せ	そ
sa	si	su	se	so
	ci		ce	
	shi			

しゃ	しぃ	しゅ	しぇ	しょ
sya	syi	syu	sye	syo
sha		shu	she	sho

すぁ	すぃ	すぅ	すぇ	すぉ
swa	swi	swu	swe	swo

ざ	じ	ず	ぜ	ぞ
za	zi	zu	ze	zo
	ji			

じゃ	じぃ	じゅ	じぇ	じょ
zya	zyi	zyu	zye	zyo
ja		ju	je	jo
jya	jyi	jyu	jye	jyo

た行

た	ち	つ	て	と
ta	ti	tu	te	to
	chi	tsu		

ちゃ	ちぃ	ちゅ	ちぇ	ちょ
tya	tyi	tyu	tye	tyo
cha		chu	che	cho
cya	cyi	cyu	cye	cyo

		っ		
		ltu		
		xtu		

つぁ	つぃ		つぇ	つぉ
tsa	tsi		tse	tso

てゃ	てぃ	てゅ	てぇ	てょ
tha	thi	thu	the	tho

とぁ	とぃ	とぅ	とぇ	とぉ
twa	twi	twu	twe	two

だ da	ぢ di	づ du	で de	ど do	ぢゃ dya	ぢぃ dyi	ぢゅ dyu	ぢぇ dye	ぢょ dyo
					でゃ dha	でぃ dhi	でゅ dhu	でぇ dhe	でょ dho
					どぁ dwa	どぃ dwi	どぅ dwu	どぇ dwe	どぉ dwo

な行

な na	に ni	ぬ nu	ね ne	の no	にゃ nya	にぃ nyi	にゅ nyu	にぇ nye	にょ nyo

は行

は ha	ひ hi	ふ hu / fu	へ he	ほ ho	ひゃ hya	ひぃ hyi	ひゅ hyu	ひぇ hye	ひょ hyo
					ふゃ fya		ふゅ fyu		ふょ fyo
					ふぁ fwa / fa	ふぃ fwi / fi / fyi	ふぅ fwu	ふぇ fwe / fe / fye	ふぉ fwo / fo
ば ba	び bi	ぶ bu	べ be	ぼ bo	びゃ bya	びぃ byi	びゅ byu	びぇ bye	びょ byo
					ヴぁ va	ヴぃ vi	ヴ vu	ヴぇ ve	ヴぉ vo
					ヴゃ vya	ヴぃ vyi	ヴゅ vyu	ヴぇ vye	ヴょ vyo
ぱ pa	ぴ pi	ぷ pu	ぺ pe	ぽ po	ぴゃ pya	ぴぃ pyi	ぴゅ pyu	ぴぇ pye	ぴょ pyo

ま行

ま ma	み mi	む mu	め me	も mo	みゃ mya	みぃ myi	みゅ myu	みぇ mye	みょ myo

や行

や ya		ゆ yu		よ yo	ゃ lya / xya		ゅ lyu / xyu		ょ lyo / xyo

ら行

ら ra	り ri	る ru	れ re	ろ ro	りゃ rya	りぃ ryi	りゅ ryu	りぇ rye	りょ ryo

わ行

わ wa	うぃ wi		うぇ we	を wo	ん nn	ん n'	ん xn		

っ：n 以外の子音の連続でも変換できる。　例：itta → いった
ん：子音の前のみ n でも変換できる。　例：panda → ぱんだ
ー：キーボードの ー キーで入力できる。
※「ヴ」のひらがなはありません。

用語集

Bing（ビング）
マイクロソフトが提供している検索サービス。[画像]や[動画]などのカテゴリーからも目的の情報を検索できる。Windows 10では[スタート]メニューの検索ボックスにBimg.comの情報が表示される。
→検索

Microsoft Edge（マイクロソフト エッジ）
Microsoft Edgeは、Windows 10に搭載されている標準のWebブラウザー。以前のInternet Exploreに比べて、新しいWebサイトに最適化され、描画やスクリプトの処理が高速化されている。

Microsoft Office（マイクロソフト オフィス）
マイクロソフトが開発しているオフィス統合ソフトウェア。WordやExcel、PowerPointなどがセットになったパッケージ版が販売されている。

Microsoftアカウント（マイクロソフトアカウント）
OneDriveやOutlook.comなど、マイクロソフトがインターネットで提供しているサービスを使うためのユーザーID。以前はWindows Live IDと呼ばれていた。
→OneDrive

Num Lock（ナムロック）
ノートパソコンなどの文字キーの一部を数字キーに切り替えるためのキー。ノートパソコンで[Num Lock]キーを押すと、専用のキーで数字を入力できる。キーボードのテンキーを押しても数字が入力できないときは、[Num Lock]キーを押して、[Num Lock]のランプを点灯させる。
→テンキー

Office.com（オフィスドットコム）
マイクロソフトが運営するWebページ。Officeの製品情報やサポート情報を確認できる。

▼Office.comのWebページ
http://office.microsoft.com/

OneDrive（ワンドライブ）
マイクロソフトが無料で提供しているオンラインストレージサービスのこと。Wordの文書や画像データなどをインターネット経由で保存して、ほかのユーザーと共有できる。Microsoftアカウントを新規登録すると、標準で15GBの保存容量が用意される。
→Microsoftアカウント、共有、文書、保存

PDF形式（ピーディーエフケイシキ）
アドビシステムズが開発した文書ファイルの1つ。Word 2013以降では文書をPDF形式のファイルとして保存できるほか、PDF形式のファイルをWordの文書に変換できる。ただし、複雑なレイアウトの場合、正しく読み込めない場合やレイアウトが崩れる場合がある。
→ファイル、文書

Word Online（ワード オンライン）
Microsoft EdgeなどのWebブラウザーでWordの文書を編集できるツール。Microsoftアカウントを取得して、OneDriveのホームページにアクセスすると利用できる。
→Microsoftアカウント、OneDrive、文書

アイコン
「絵文字」の意味。ファイルやフォルダー、ショートカットなどを絵文字で表したもの。アイコンをダブルクリックすると、ファイルやフォルダーが開く。
→ファイル、フォルダー

暗号化
文書をパスワードで保護するときに使われる技術。暗号化を実行したデータは暗号化を解除するキーがないと開けない。Wordでは文書の保存時にパスワードを入力して暗号化を実行する。
→文書、保存

印刷
Wordなどで作成した文書をプリンターなどに出力する機能のこと。
→プリンター、文書

印刷プレビュー
印刷結果のイメージが画面に表示された状態。Wordで印刷プレビューを表示するには、［ファイル］タブをクリックしてから［印刷］をクリックする。
→印刷

インストール
ソフトウェアをパソコンで使えるように組み込むこと。Wordがはじめからインストールされているパソコンが数多く販売されている。

インデント
字下げして文字の配置を変更する機能。インデントが設定されていると、ルーラーにインデントマーカーが表示される。インデントマーカーには、段落全体の字下げを設定する［左インデント］、段落の終わりの位置を上げて幅を狭くする［右インデント］、段落の1行目の字下げを設定する［1行目のインデント］、箇条書きの項目などのように段落の2行目を1行目よりも字下げする［ぶら下げインデント］がある。
→行、段落、ルーラー

ウィザード
選択肢を手順に従って選ぶだけで、複雑な設定やインストール作業などを簡単に実行できる画面のこと。
→インストール

上書き保存
保存済みのファイルを、現在編集しているファイルで置き換える保存方法のこと。上書き保存を実行すると、古い文書ファイルの内容は消えてしまう。［名前を付けて保存］の機能を使えば、元のファイルを残しておける。
→名前を付けて保存、ファイル、文書、保存

閲覧モード
画面いっぱいに文書を表示できる表示モード。パソコンの画面解像度やウィンドウサイズに合わせて表示倍率が変わる。タッチ操作ができるパソコンなら、指先の操作でページの移動や表示の拡大ができる。
→表示モード

オートコレクト
Wordに登録されている文字が入力されたとき、自動で文字を追加したり、文字や書式を自動で置き換えたりする機能の総称。オートコレクトの機能が有効のときに「前略」と入力すると「草々」という結語が自動で入力されて、文字の配置が変わる。
→結語、書式

［オートコレクトのオプション］ボタン
オートコレクトの一部の機能が実行されたときに表示されるボタンのこと。［オートコレクトのオプション］ボタンをクリックすると、オートコレクトによって設定された操作の取り消しやオートコレクト機能を無効に設定できる。
→オートコレクト

オブジェクト
文書中に挿入できる文字以外の要素。図形やワードアート、グラフ、写真などはすべてオブジェクト。Wordでオブジェクトをクリックすると、ハンドルが表示される。
→オブジェクト、図形、ハンドル、文書、ワードアート

オンライン画像
Wordでインターネット上にあるイラストや画像などを文書に挿入できるボタン。Bingで検索されたWebページなどにあるデータを挿入できる。
→Bing、検索、文書

カーソル
画面上で文字や画像などの入力位置を示すマークのこと。入力した文字は、カーソルの前に表示される。

改行
Enterキーを押して行を改めること。Wordでは、改行された位置に改行の段落記号（↵）が表示される。
→段落

確定
キーボードから文字を入力した文字を変換するとき、Enterキーを押して、変換内容を決定する操作。

下線
文字の下に線を表示する機能。［下線］ボタンを1回クリックすると、文字に下線が表示される。下線を設定した文字を選択して、もう一度［下線］ボタンをクリックすると、文字に表示されていた下線が消える。

かな入力

文字キーの右側に刻印されているひらがなのキーを押して、文字を入力する方法。

記号

ひらがなや漢字、数字とは別に、数式や箇条書きなどで利用する文字。Wordで利用できる代表的な記号には、「●」「☆」「※」「§」などがある。

行

文字が横1列に表示される基準。表では、横に並んだセルの集まりを意味する。
→セル、列

行間

行と行の間。Wordでは、1行目の文字の上端から2行目の文字の上端までの範囲を指す。行間を狭くすると1ページの中で入力できる文字の量が増える。行間を広げると1ページの中で入力できる文字の量が減る。行間を適切に設定すると、文章が読みやすくなる。
→行

行頭文字

箇条書きなどの文章を入力したときに、項目の左端に表示する記号などの文字のこと。Wordでは、「●」や「◆」などの記号だけではなく、「1.」「2.」「3.」や「①」「②」「③」などの段落番号なども行頭文字に利用できる。
→段落番号

共有

ファイルやフォルダーを複数のユーザーで閲覧・編集できるようにする機能。OneDriveを利用すれば、インターネット経由でWordの文書を共有できる。
→OneDrive、ファイル、フォルダー、文書

切り取り

文字や図形、画像などをクリップボードに記憶して、画面上から消去する機能。切り取った文字や図形などは、[貼り付け]の機能を使って、カーソルのある位置に表示できる。
→カーソル、クリップボード、図形、貼り付け

クイックアクセスツールバー

Wordの左上にある小さなアイコンが表示されている領域。目的のタブが表示されていない状態でもクイックアクセスツールバーのボタンをクリックして、すぐに目的の機能を実行できる。また、リボンに表示されていない機能のアイコンを追加できる。
→アイコン、リボン

クラウド

インターネットを使って提供されるサービスの総称や形態。マイクロソフトでは、OneDriveやWord Online、Outlook.comなどのサービスを提供している。
→OneDrive、Word Online

クリップボード

Officeでコピーや切り取りを実行したデータが一時的に記憶されている場所。[クリップボード]作業ウィンドウを表示すれば、クリップボードに記憶されたデータを確認しながら貼り付けができる。
→切り取り、コピー、作業ウィンドウ、貼り付け

罫線
文書に引く線のこと。Wordでは、ドラッグで描ける罫線や［表］ボタンで挿入できる表の罫線、文字や段落を囲む罫線、ページの外周に引くページ罫線がある。
→段落、ドラッグ、文書、ページ罫線

結語
あいさつなどの文章で結びの言葉として使われる用語のこと。「拝啓」に対する「敬具」や、「前略」と「草々」のように、結語は頭語と対で使われる。

検索
キーワードや条件を指定して、キーワードや条件と同じデータや関連するデータを探すこと。Wordでは、ダイアログボックスや作業ウィンドウなどを利用して検索ができる。
→作業ウィンドウ、ダイアログボックス

校正
文章などに間違いがないかを見直すための作業。Wordでは、見直しの作業を軽減できる、スペルチェックや文章校正などの機能が用意されている。

コピー
文字や図形などを複製する機能。編集画面に表示されている文字や図形をコピーすると、その内容がクリップボードに記憶される。その後、任意の位置にカーソルを移動して貼り付けを実行すると、カーソルのある位置に同じ内容を表示できる。
→カーソル、クリップボード、図形、貼り付け

最近使ったアイテム
［開く］の画面に表示される一覧のこと。過去に保存した文書ファイルが表示される。
→アイコン、ファイル、文書

文書が移動、もしくは削除されていなければアイコンをクリックして文書を開ける

再変換
一度確定した文字を確定前の状態に戻し、変換し直す機能。再変換するには文字をドラッグして選択するか、文字の前後にカーソルを移動して、変換キーを押す。
→カーソル、確定

作業ウィンドウ
編集画面の右や左側に表示されるウィンドウのこと。特定の機能を実行したときに自動で表示される場合がある。
→書式、図形

◆［図形の書式設定］作業ウィンドウ

終了
Wordの編集作業を終えて、画面を閉じる作業のこと。文書を1つだけ開いているときにWordの画面右上にある［閉じる］ボタン（ ✕ ）をクリックすると、Wordが終了する。
→文書

ショートカットキー
特定の機能や操作を実行できるキーのこと。例えば、Ctrlキーを押しながらCキーを押すと、コピーを実行できる。ショートカットキーを使えば、メニュー項目やボタンなどをクリックする手間が省ける。
→コピー

ショートカットメニュー
マウスを右クリックしたときに表示されるメニューのこと。［コピー］や［貼り付け］など、よく使う機能が用意されているので、リボンまでマウスを移動する手間が省ける。
→コピー、貼り付け、リボン

右クリックしたときに表示される

書式
Wordでは、フォントの種類やフォントサイズ、色、下線などの飾り、配置などのこと。大きく分けると文字と段落に設定できる2つの書式がある。
→下線、段落、フォント、フォントサイズ

書式のコピー
文字に設定されている書式をほかの文字にコピーする機能。書式のコピーを活用すれば、フォントの種類やフォントサイズを簡単にほかの文字に適用できる。文字のほかに、図形でも書式のコピーを利用できる。
→コピー、書式、図形、フォント、フォントサイズ

スクリーンショット
Windowsの画面を画像データ化したもの。Print Screenキーを押すと、画面イメージがクリップボードにコピーされる。Wordでは、[挿入] タブの [スクリーンショット] を選ぶと、任意の領域を選んで画像イメージを文書に挿入できる。
→クリップボード、コピー、文書

スクロール
表示画面を上下左右に動かすこと。全体を表示し切れない大きな文書は、画面をスクロールすることで見えていない部分を表示できる。
→文書

図形
Wordにあらかじめ用意されている図のこと。[挿入] タブの [図形] ボタンをクリックすると表示される一覧で図形を選び、文書上をクリックするかドラッグして挿入する。テキストボックスやワードアートも図形の一種。
→テキストボックス、ドラッグ、文書、ワードアート

スタート画面
Wordの起動後に表示される画面。新しい文書を作成するときやテンプレートをダウンロードして開くときに利用する。[最近使ったファイル] の一覧から文書を開くこともできる。
→テンプレート

◆スタート画面
テンプレートの検索やダウンロードができる

スタイル
よく使う書式をひとまとめにしたもの。スタイルを使うと、複数の書式や装飾を一度の操作で設定できる。また、オリジナルの書式を保存して、後から再利用することもできる。
→書式、保存

スペース
spaceキーを押すと入力される空白のこと。空白には全角と半角があり、入力モードが [ひらがな] なら全角、[半角英数] なら半角の空白が挿入される。
→全角、入力モード、半角

セル
表の中の1コマ。Wordでは、罫線で区切られた表の中にあるマス目の1つ1つのこと。
→罫線

全角
文字の種類で、日本語の文書で基準となる1文字分の幅の文字のこと。Wordで「1文字分」というときは、全角1文字を指す。半角の文字は、全角の半分の幅となる。
→半角、文書

◆全角の文字

あいうえお
12345

春夏秋冬
ABCabc

操作アシスト
操作アシストは、Wordの操作を検索する機能。操作アシストに調べたい機能や用語を入力すると、関連するWordの操作や機能が表示される。

促音
「っ」で表す、詰まる音のこと。

ダイアログボックス
複数の設定項目をまとめて実行するためのウィンドウのこと。画面を通して利用者とWordが対話（dialog）する利用方法から、ダイアログボックスと呼ばれる。

◆ダイアログボックス

タイル
Windows 10の [スタート] メニューやWindows 8.1のスタート画面に表示される四角いボタンの総称。タッチパネルを利用したときに、指でタップしやすい形となっている。

濁音
「が」「ざ」など、濁点（「゛」）を付けて表す濁った音のこと。

タスクバー
デスクトップの下部に表示されている領域のこと。タスクバーには、起動中のソフトウェアがボタンで表示される。タスクバーに表示されたボタンを使って、編集中の文書を選んだり、ほかのソフトウェアに切り替えたりすることができる。
→文書

◆タスクバー
起動中のソフトウェアや表示中のウィンドウのボタンが表示される

タッチモード
Wordをタッチ操作で利用するときに、リボンに表示されるボタンを大きくして、指先で操作しやすくする操作モード。一方、通常の表示モードのことを「マウスモード」という。
→リボン

タッチモードにするとリボンの表示が変わる

縦書き
文字を原稿用紙のように編集画面の右上から左下に記述することを縦書きと呼ぶ。縦書きを利用するには、文書全体を縦書きに設定するか、縦書きテキストボックスを使う。
→縦書きテキストボックス、テキストボックス、文書

縦書きテキストボックス
編集画面の任意の位置に縦書きの文字を表示するためのテキストボックス。
→縦書き、テキストボックス

タブ
Tabキーを押して入力する、特殊な空白のこと。Tabキーを押すと、初期設定では全角4文字分の空白が挿入される。[タブとリーダー]ダイアログボックスを利用すれば、タブを利用した空白に「……」などのリーダー線を表示できる。
→全角、ダイアログボックス、リーダー線

段組み
新聞のように、段落を複数の段に区切る組み方。
→段落

段落
文章の単位の1つで、Wordでは、行頭から改行の段落記号（↵）が入力されている部分を指す。
→改行

段落番号
箇条書きの項目に連番を自動的に挿入する機能。段落番号を設定すると、「1.」「2.」「3.」などの連番が表示される。番号の表示が不要になったときには、Back spaceキーで削除できる。

「1.」「2.」「3.」や「①」「②」「③」などの番号を付けられる

1. 企画背景
2. 企画趣旨
3. 市場調査報告
4. 販売施策

置換
文書の中にある特定の文字を検索し、指定した文字に置き換えること。
→検索、文書

長音
「ー」で表す、長く伸ばして発音する音。

テーマ
Officeに用意されている文字や図形、効果などの書式を一度に変更できる機能のこと。別のテーマにすると、配色やフォントなどもまとめて変更される。文字に設定している色が[標準の色]や[その他の色]の場合、テーマの変更に応じて色が変わらない。
→書式、図形、フォント

テキストボックス
文書の自由な位置に配置できる、文字を入力するための図形。横書きと縦書き用のテキストボックスがある。
→図形、縦書き、文書

テンキー
キーボードの右側にある数字などを入力するためのキー。ノートパソコンにはテンキーがない場合が多い。

◆テンキー

テンプレート

文書のひな形のこと。あらかじめ書式や例文などが設定されており、必要な部分を書き換えるだけで文書が完成する。Wordの起動直後に表示されるスタート画面か、［ファイル］タブの［新規］をクリックすると表示される［新規］の画面でテンプレートを開ける。
→検索、書式、文書

インターネットに接続していれば、キーワードを入力してテンプレートを検索できる

特殊文字

Wordの文書に入力できる特殊な記号や絵文字、ギリシャ文字、ラテン文字などの総称。「☎」や「♨」などの文字を文書に入力できるが、ほかのパソコンでは正しく表示されない場合がある。
→文書

ドラッグ

左ボタンを押したままマウスを上下左右に移動する操作。数文字を選択したり、図形などのサイズを変更したりする操作で利用する。
→図形

トリミング

写真などの不要な部分を切り抜いて、一部分だけを表示させる機能のこと。Wordでは、画像の不要な部分を非表示にできるが、画像そのものは切り取られない。［トリミング］ボタンをクリックして、ハンドルをドラッグすれば、後から切り取り範囲を変更できる。
→切り取り、ドラッグ、ハンドル

名前を付けて保存

文書に名前を付けて、ファイルとして保存する機能。新しい名前を付けて保存すると、古いファイルはそのまま残り、新しい文書ファイルが作られる。
→ファイル、文書、保存

日本語入力システム

ひらがなやカタカナ、漢字などの日本語を入力するためのソフトウェア。従来のOfficeとは異なり、新しいOfficeには日本語入力システムが付属していないので、Windowsに付属するMicrosoft IMEを利用する。

入力モード

日本語入力システムを利用するときの入力文字種の設定。入力モードによって文字キーを押したときに入力される文字の種類が決まる。Wordで選べる入力モードには、［ひらがな］［全角カタカナ］［全角英数］［半角カタカナ］［半角英数］がある。［半角/全角］キーを押すと、［ひらがな］と［半角英数］の入力モードを切り替えられる。
→全角、日本語入力システム、半角

はがき宛名面印刷ウィザード

はがきのあて名印刷に必要な編集レイアウトやあて名データの入力を補佐してくれる機能。必要な作業手順を選択すれば、はがきのあて名面を簡単に作成できる。
→ウィザード

撥音

「ん」で表す、はねる音のこと。

貼り付け

文字や図形、画像などをコピーして別な場所に表示する機能。クリップボードに一時的に記憶されたデータを貼り付けできる。
→クリップボード、コピー、図形

［貼り付けのオプション］ボタン

コピーした文字やオブジェクトを貼り付けた直後に表示されるボタン。文字を貼り付けた後に［貼り付けのオプション］ボタンをクリックして一覧から項目を選べば、貼り付けた後に文字の書式を変更できる。
→オブジェクト、コピー、書式、貼り付け

半角

英数字、カタカナ、記号などからなる、漢字（全角文字）の半分の幅の文字のこと。
→記号、全角

半濁音
「ぱ」「ぴ」など、「°」が付く音のこと。

ハンドル
オブジェクトを選択すると表示される、調整用のつまみのこと。ハンドルにマウスポインターを合わせるとマウスポインターの形が変わる。ハンドルをマウスでドラッグすると、大きさの変更や回転、変形などができる。
→オブジェクト、ドラッグ、マウスポインター

◆ハンドル

表示モード
編集画面の表示方法の設定。Wordでは目的に応じて、［閲覧モード］［印刷レイアウト］［Webレイアウト］［アウトライン］［下書き］の表示モードを切り替えて文字の入力や文書の編集ができる。ズームスライダーの左にあるボタンか、［表示］タブの［文書の表示］にあるボタンで表示を切り替えられる。
→閲覧モード、文書

◆表示モード切り替え用のボタン

［表］ボタン
編集画面に罫線で囲まれた表を挿入する機能。［表］ボタンを利用すると、行数と列数を指定して表を挿入できる。
→行、罫線、列

ファイル
ハードディスクなどに保存できるまとまった1つのデータの集まり。Wordで作成して保存した文書の1つ1つが、ファイルとして保存される。
→文書、保存

ファンクションキー
キーボードの上段に並んでいる F1 ～ F12 までの刻印があるキー。利用するソフトウェアによって、キーの役割や機能が変化する。

フィールド
文書内に「コード」と呼ばれる数式を埋めこむことで、日付やファイル名を自動的に表示したり、合計などの計算結果を表示したりする機能。ヘッダーやフッターに挿入したページ番号なども、フィールドで作成されている。
→ファイル、フッター、文書、ページ番号、ヘッダー

フィールドコード
文書内で情報を自動表示するために、フィールドに記述されている数式（コード）。初期設定では、フィールドにはフィールドコードの実行結果が表示されるが、フィールドを右クリックして［フィールドコードの表示/非表示］を選択すれば、フィールドコードの内容を表示できる。
→フィールド、文書

◆フィールドコード

フォルダー
ファイルをまとめて入れておく場所。文書を保存する［ドキュメント］や写真を保存する［ピクチャ］もフォルダーの1つ。
→ファイル、文書、保存

◆フォルダー

フォント
パソコンやソフトウェアで表示や印刷に使える書体のこと。Wordでは、Windowsに付属しているフォントとOfficeに付属しているフォントを利用できる。同じ文字でもフォントを変えることで文字の印象を変更できる。Word 2016で新しい文書を作成したときは、［游明朝］というフォントが文字に設定される。
→印刷、文書

フォントサイズ
編集画面に表示される文字の大きさ。Wordでは、フォントサイズを「ポイント」という単位で管理している。初期設定ではフォントサイズは10.5ポイントに設定されている。フォントサイズは、［ホーム］タブやミニツールバーなどから設定を変更できる。
→フォント、ポイント

用語集

用語集

フッター
用紙の下余白に、本文以外の内容を表示する領域のこと。ページ数や作成者名、日付などを挿入できる。フッターに入力した内容はすべてのページに表示される。
→ページ数、余白

太字
文字を太く表示する機能のこと。[ホーム]タブの[太字]ボタンや[Ctrl]+[B]キーで設定できる。

プリンター
文書を紙に出力するための周辺機器。あらかじめUSBケーブルや無線LANなど、パソコンとプリンターの接続方法を設定する必要がある。Wordでは[印刷]の画面で印刷結果を確認し、部数などを設定してから印刷を実行する。
→印刷、文書

プレビュー
操作結果を事前に閲覧できる機能。Wordには、印刷プレビューや、リアルタイムプレビューがある。
→印刷プレビュー、リアルタイムプレビュー

文書
Wordやメモ帳、ワードパッドなどのソフトウェアで作成したデータのこと。同じソフトウェアでも文書内で扱えるデータが異なる。
→文書

ページ罫線
ページの外周部分に引くことができる罫線。主にページの外周を装飾するために使用する。[線種とページ罫線と網かけの設定]ダイアログボックスで、線種や色、太さ、絵柄などを指定できる。
→罫線、ダイアログボックス

ページ数
Wordでは、文書の総ページ数のこと。ヘッダーやフッターを利用して文書にページ数を挿入できる。
→フッター、文書、ヘッダー

ページ番号
Wordでは、文書の中の何ページ目かのこと。ヘッダーやフッターを利用して文書にページ番号を挿入できる。
→フッター、文書、ヘッダー

ヘッダー
用紙の上余白に本文以外の内容を表示する領域。ヘッダーに入力した内容は、すべてのページに適用される。
→余白

変更履歴
文書に対して行った文字や画像の挿入、削除、書式変更などの内容を記録する機能。変更内容を1つずつ承諾または却下できるため、主に文書の編集や校正作業に使用する。
→校正、書式、文書

編集記号
改行の段落記号（↵）やスペース、タブ、改ページなど、印刷はされないが、その部分に何らかの設定がされていることを編集画面に表示する記号。
→印刷、改行、記号、スペース、タブ、段落

ポイント
Wordでフォントサイズを指定する数値の単位。
→フォント、フォントサイズ

保存
編集しているデータをファイルとして記録する操作のこと。文書に名前を付けて保存しておけば、後からファイルを開いて編集や印刷ができる。
→印刷、ファイル、文書

マウスポインター
マウスの位置を示すアイコンのこと。機能や編集画面の場所などによって、さまざまな形に変化する。形の変化に注目すれば、マウスポインターがある位置でどんな機能が使えるのかを判断できる。
→アイコン

 場所や状態によってマウスポインターの形が変わる

文字列の折り返し
クリップアートや写真などのオブジェクトと文字の配置を変更する機能。Wordで写真を挿入すると[行内]という方法で写真が配置される。文字列の折り返しの設定を変更すれば、オブジェクトと文字の配置を変更できる。
→オブジェクト、クリップアート

元に戻す
すでに実行した機能を取り消して、処理を行う前の状態に戻す操作のこと。クイックアクセスツールバーにある［元に戻す］ボタンの:をクリックすれば、元に戻せる操作の一覧が表示される。
→クイックアクセスツールバー

◆元に戻す
ここをクリックすれば、過去に実行した操作の一覧を確認して操作を1つずつ元に戻せる

拗音
「ゃ」「ゅ」「ょ」で表す、文字の後に続く半母音。

余白
文書の上下左右にある空白の領域。余白を狭くすれば、1ページの文書内に入力できる文字数が多くなる。ヘッダーやフッターを利用すれば、余白に文字や画像を挿入できる。
→フッター、文書、ヘッダー

リーダー線
タブを挿入した空白部分に表示できる「……」などの線のこと。［タブとリーダー］ダイアログボックスで線種を設定できる。
→ダイアログボックス、タブ

リアルタイムプレビュー
フォントの種類やフォントサイズ、図形の色、効果などの設定項目にマウスポインターを合わせるだけで、画面に操作結果が表示される機能。リアルタイムプレビューは便利だが、すべての機能で利用できるわけではない。
→図形、フォント、フォントサイズ、プレビュー、マウスポインター

リサイズ
文書に挿入した画像や図形などのサイズを再調整する作業のこと。リサイズを行うときには、画像や図形などに表示されているハンドルをマウスでドラッグする。
→クリップアート、図形、ドラッグ、ハンドル、文書

リボン
Wordの機能が割り当てられたボタンが並んでいる領域。リボンは、タブをクリックして切り替えられる。画面の横幅によってボタンの形や表示方法が変わる。

◆リボン

両端揃え
文字を1行の幅で均等にそろえて表示する配置方法。［左揃え］では、すべての文字が左側に配置されるが、［両端揃え］では、文字数によって文字と文字の間に空白ができることがある。
→行

履歴
これまでに開いた文書を表示する機能のこと。［開く］の画面の［最近使ったアイテム］に表示される。
→最近使ったアイテム、文書

ルーラー
編集画面の上や左に表示される、定規のような目盛りのこと。ルーラーを見れば文字数やインデント、タブの位置などを確認できる。上のルーラーを［水平ルーラー］、左のルーラーを［垂直ルーラー］という。
→インデント、タブ

列
表などで、縦に並んだセルの集まり。
→セル

ローマ字入力
ローマ字で日本語を入力する方法。KキーとAキーで「か」、Aキーで「あ」など、ローマ字の「読み」に該当する文字キーを押して、文字を入力する。

ワードアート
影や縁取りなどの立体的な装飾があらかじめ設定された文字のこと。テキストボックスと同じように、文書の好きな位置に配置できるのが特徴。テキストボックスや図形のようにさまざまな書式や効果を設定でき、文字の内容や文字の書式は何度でも変更できる。
→書式、図形、テキストボックス、文書

◆ワードアート

索引

アルファベット

Android
 Playストア　289
App Store　285
Back space キー　44
Bing　246, 300
Bingイメージ検索　174
Bingマップ　246
Delete キー　44
doc　250
docx　250
Enter キー　44
Googleマップ　246
IME　43
IMEパッド　76
iPhone　285
Microsoft Edge　246, 253, 300
Microsoft IME　47
Microsoft Office　300
Microsoftアカウント　39, 259, 281, 300
 サインイン　276
Num Lock　300
Num Lock キー　44
Office
 32ビット版　291
 64ビット版　291
 アップグレード　290
 新規インストール　290
 パッケージ版　24
 モバイルアプリ　285
Office 365　29, 277
Office 365 Solo　24, 261
Office Home & Business　24
Office Personal　24
Office Premium　24, 261, 290
Office Professional　24
Office.com　216, 300
OneDrive　39, 258, 262, 300
 PDFとしてダウンロード　278
 Windows 7　281
 エクスプローラー　259
 共有を停止　273
 共有リンク　270
 サインイン　259, 264, 266
 スマートフォン　266
 表示可能　271
 表示のみ可能に変更　273
 フォルダーの共有　273
 フォルダーの作成　273
 編集可能　273
 容量　261
OneDrive for Business　261
PDF　252, 278
PDF閲覧ソフト　253
PDF形式　300
POSAカード　29
Shift キー　44
SmartArt　29
SNS　258
USBメモリー　43
Webブラウザー　246
 OneDriveの表示　264
 ダウンロード　275
 文書の共有　271
 文書の表示　265, 275
Webメール　258
Windows 10
 アップグレード方法　8
Word　28, 253
 Android　266
 iPad　266
 iPhone　266
 Windows 10　30
 Windows 7　34
 Windows 8.1　32
 アプリの初期設定　287
 インストール　29
 画面構成　38
 画面の解像度　38
 起動　30, 32, 34
 クリップボード　240
 更新　291
 終了　37
 初期設定　31
 新機能　6
 スタート画面　31, 216
 スマートフォン　266
 タスクバー　33, 34
 タブレット　266
 表示モード　85
 白紙の文書　36
 文書の共有　270
 モバイルアプリ　266, 285
[Word 97-2003文書] 形式　250
Word Online　264, 274, 300
 Wordの起動　277
 コメント　277
 コメントの追加　279
 コメントの返信　279
 ダウンロード　275, 278

文書の編集	276
文書を閉じる	280
編集画面	276
［Word］アプリ	266
Androidスマートフォン	267
OneDrive	267
サインイン	266
タブ	269
［Word文書］形式	250
XPS	252

ア

アイコン	300
アップロード	261, 262
OneDrive	261
アプリビュー	32
暗号化	300
印刷	108, 301
ユーザー指定の範囲	109
印刷プレビュー	301
インストール	29, 285, 301
Word	29
プリンタードライバー	293
モバイルアプリ	285
インデント	98, 301
ウィザード	161, 301
上書き保存	301
エクスプローラー	86
エクスポート	252
閲覧モード	301
オートコレクト	66, 72, 301
設定	69
［オートコレクトのオプション］ボタン	301
大文字	72
オブジェクト	301
オブジェクトの配置	103
オンライン画像	301

カ

カーソル	48, 301
改行	62, 301
段落記号	62
ガイド	103, 167
改ページ	63
拡張子	251
確定	301
箇条書き	96
下線	92, 301
画像	
挿入	172
配置	174
文字列の折り返し	175

かな入力	46, 53, 302
数字や記号の入力	54
ひらがなの入力	54
拗音の入力	60
関数	154
ABOVE	154
ABS	154
AND	154
AVERAGE	154
COUNT	154
INT	154
MAX	154
MIN	154
MOD	154
ROUND	154
SUM	154
キーボード	44
記号	302
行	131, 302
削除	134, 143
選択	137
挿入	142
高さを揃える	135
行間	222, 237, 302
変更	222
行頭文字	302
共有	38, 302
切り取り	302
クイックアクセスツールバー	38, 106, 302
句読点	65
クラウド	39, 258, 302
グリッド線	103
クリップボード	240, 248, 302
削除	241
計算式	152
関数	154
四則演算	154
罫線	132, 303
色	149
罫線なし	150
削除	144
作成	132
種類	133, 149
太さ	148
結語	66, 303
言語バー	46
切り替え	53
入力モード	47
検索	118, 303
書式	120
校正	303
互換性	250, 255

項目	ページ
コピー	122, 240, 303
画面	247
書式	194
スクリーンショット	247
コメント	226, 277
表示	227

サ

項目	ページ
最近使ったアイテム	87, 303
再変換	67, 303
サインイン	31, 39, 259
作業ウィンドウ	240, 303
差し込み印刷	180
字下げ	98
写真	
アート効果	177
挿入	173
トリミング	176
背景の削除	179
配置	174
文字列の折り返し	175
終了	303
ショートカットアイコン	34
ショートカットキー	297, 303
ショートカットメニュー	303
書式	84, 303
コピー	194
スタイル	197
変更	194
保存	196
書式のクリア	116
書式のコピー	303
ズームスライダー	38
スクリーンショット	247, 304
スクロール	304
スクロールバー	38
図形	100, 304
大きさの変更	101
オブジェクトの配置	103
回転	105
重なり	104
上下中央揃え	103
スタイル	104
線の色	102
テーマ	101
テーマスタイル	102
配置	103
図形のスタイル	102
図形の塗りつぶし	
塗りつぶし	102
スタート画面	216, 304
テンプレート	31, 216
スタイル	197, 218, 304
ステータスバー	38
スペース	304
スペースキー	44
スマートフォン	258, 266
文書の作成	266
セル	131, 304
結合	144, 158
選択	137
全角	70, 304
操作アシスト	209, 304, 38
挿入	
改ページ	63
画像	172
コメント	226
写真	172
スクリーンショット	248
図形	100
タブ	96, 198, 210
段区切り	192
段落罫線	193
表	132
ページ罫線	207
ページ番号	224
ワードアート	164
促音	60, 304

タ

項目	ページ
ダイアログボックス	78, 118, 250, 304
タイトルバー	38
タイル	32, 304
ダウンロード	216, 275
プリンタードライバー	293
濁音	55, 304
タスクバー	86, 305
タッチキーボード	45
タッチモード	305
縦書き	165, 208, 305
縦書きテキストボックス	305
タブ	96, 198, 305
少数揃え	200
縦線	200
中央揃え	200
配置	200
左揃え	200
編集記号	199
右揃え	200
段区切り	192
削除	192, 209
段組み	190, 305
2段	192
設定	199
段の幅	199

変更	209
単語登録	69
段落	98, 305
段落記号	62, 98
改行	62
段落罫線	193
段落番号	109, 305
置換	118, 305
書式	120
長音	209, 305
通知領域	262
テーマ	305
テキストボックス	168, 305
サイズの変更	169
フォント	169
文字の入力	169
文字の配置	170
枠線	171
テクスチャ	104
テンキー	44, 305
テンプレート	31, 216, 306
検索	217
ダウンロード	216, 237
頭語	66
特殊文字	306
ドライバー	293
ドラッグ	306
トリミング	176, 249, 306
ハンドル	176

ナ

名前を付けて保存	250, 278, 306
日本語入力	
かな入力	46
ローマ字入力	46
入力方式	46
日本語入力システム	43, 306
入力	46
アルファベット	72
大文字	72
改行	62
確定	51, 57
カタカナ	58
漢字	56
記号	74
切り替え	72
空白	123
句読点	65
数字	70
促音	60
長音	58
撥音	64
半角英字	72

半角数字	70
ひらがな	48, 53, 53
拗音	60
入力方式	46
切り替え	46
入力モード	46, 48, 306
切り替え	47
全角英数	47
全角カタカナ	47
半角英数	52, 72
半角カタカナ	47
[半角/全角]キー	47
ひらがな	47, 52
マウスで切り替え	46
ローマ字入力/かな入力	46

ハ

配色	219
ハイパーリンク	73
はがき宛名面印刷ウィザード	180, 306
住所録の読み込み	185
パスワード	232
解除	234
変更	234
撥音	64, 306
貼り付け	122, 306
書式	194
貼り付けのオプション	123, 306
書式を結合	125
図	245
貼り付け先のスタイルを使用	244
半角	70, 306
[半角/全角]キー	44
半濁音	55, 307
ハンドル	176, 307
表	132
関数	154
行の削除	143
行の挿入	142
行の高さ	135, 141
計算式	152
罫線	132
罫線の色	149
罫線の削除	144
罫線の種類	148
罫線の非表示	150
罫線の太さ	148
削除	134
セルの背景色	151
選択	144
挿入	132, 138
表のスタイル	150
文字の入力	136

文字の配置 137, 139
　　列の削除 143
　　列の幅 134, 140
表示
　　アクションセンター 19
　　アプリビュー 32
　　ウィンドウ 21
　　カーソル 52
　　拡大 39
　　グリッド線の表示 103
　　縮小 39
　　スタート画面 31
　　すべてのアプリ 30
　　すべてのプログラム 34
　　入力モード 47
　　白紙の文書 36
　　［表示］タブ 98
　　表示倍率 108
　　表示モード 85
　　フォルダーウィンドウ 86
　　変換候補 67
　　保護ビュー 26
　　予測変換 51
　　リボン 39
　　ルーラー 98
表示モード 85, 307
［表］ボタン 307
ひらがな
　　漢字に変換 56
ファイル 78, 307
　　開く 87
ファイルの種類 250
ファンクションキー 307
フィールド 307
フィールドコード 153, 307
フォルダー 79, 307
　　OneDrive 260
フォルダーウィンドウ
　　OneDrive 262
フォント 60, 94, 220, 307
　　変更 94, 221
フォントサイズ 90, 307
　　変更 90
フチなし印刷 163
フッター 202, 224, 308
　　閉じる 205, 225
　　ファイル名の挿入 204
太字 93, 308
プリンター 39, 108, 293, 308
プレビュー 308
文書 308
　　2段 192
　　OneDriveから開く 262

　　OneDriveへの保存 260
　　Webブラウザーから開く 265
　　Word Onlineで編集 276
　　暗号化 232
　　印刷 85, 108
　　上書き保存 106
　　エクスポート 252
　　共有 270
　　共有設定 271
　　共有通知メール 274
　　共有の解除 272
　　検索 86
　　校正 226, 228, 230
　　互換性 250, 255
　　コメント 226
　　作成 36
　　書式 84
　　名前の変更 115
　　パスワードの解除 234
　　パスワードの設定 232
　　パスワードの変更 234
　　開く 86, 87
　　変更履歴 228
　　編集の制限 235
　　保護 232
　　保存 78
　　保存先 81
　　用紙サイズ 158
　　余白 162
　　履歴 87
ページ罫線 206, 308
　　解除 207
　　種類 206
ページ数 308
［ページ設定］ダイアログボックス 162
ページ番号 224, 308
　　削除 225
ヘッダー 202, 225, 308
　　閉じる 205, 225
　　表示 202
　　ファイル名の挿入 204
　　文字の入力 205
変換
　　確定 57, 59
　　カタカナ 59
　　漢字 57
　　記号 74
　　全角 70
　　半角 70
変換候補 66
変換モード 47
変更履歴 228, 308
　　記録の開始 228

| 記録の終了 | 229 |
| 変更の承認 | 230 |

編集画面 ……………………………………… 38
    Word ……………………………………… 38
    Word Onlineで編集 ……………………… 276
編集記号 ………………………………… 209, 308
    表示 ……………………………………… 209
ポイント ………………………………… 91, 308
保存 ……………………………………… 78, 308
    OneDrive ………………………………… 260
    PDF ……………………………………… 252
    上書き保存 ……………………………… 78, 106
    名前を付けて保存 ……………………… 78, 250
保存先 …………………………………………… 81

マ

マウスポインター ………………………………… 308
ミニツールバー ……………………………… 90, 194
文字
    色の変更 ………………………………………… 93
    大きさ …………………………………………… 90
    下線 ……………………………………………… 92
    切り取り ……………………………………… 124
    検索 …………………………………………… 118
    コピー ………………………………………… 122
    書体の変更 …………………………………… 94
    置換 …………………………………………… 118
    貼り付け ………………………………… 122, 124
    太字 ……………………………………………… 93
文字キー ………………………………………… 44
文字の配置 ……………………………………… 88
    中央揃え ………………………………………… 88
    右揃え …………………………………………… 88
    両端揃え ………………………………………… 88
文字列の折り返し ……………………………… 308
    外周 …………………………………………… 175
    四角 …………………………………………… 175
    上下 …………………………………………… 175
    前面 …………………………………………… 175
    内部 …………………………………………… 175
    背面 …………………………………………… 175
元に戻す ……………………………………… 309
モバイルアプリ …………………………… 266, 285
    インストール ………………………………… 285
    サインイン …………………………………… 266
    文書の編集 …………………………………… 268
    リボン ………………………………………… 269

ヤ

ユーザー名 ……………………………………… 38
拗音 ……………………………………… 60, 309
用紙サイズ …………………………………… 162
用紙の向き …………………………………… 208

予測入力 ………………………………… 52, 56
余白 …………………………………………… 309

ラ

リアルタイムプレビュー ……………………… 309
リーダー線 …………………………… 198, 200, 309
リサイズ ……………………………………… 309
リボン ………………………………… 38, 208, 309
    非表示 …………………………………………… 39
両端揃え ……………………………………… 309
履歴 …………………………………………… 309
ルーラー ……………………………… 98, 132, 201, 309
列 …………………………………………… 131, 309
    削除 ……………………………………… 134, 143
    選択 …………………………………………… 137
    幅を揃える …………………………………… 134
ローマ字 ……………………………………… 298
ローマ字入力 ………………………………… 309, 46
    子音 …………………………………………… 51
    ひらがな ……………………………………… 48, 50
    母音 …………………………………………… 51
    拗音の入力 …………………………………… 60

ワ

ワードアート ……………………………… 29, 164, 309
    縦書き ………………………………………… 165
    フォントサイズ ……………………………… 166
    フォント ……………………………………… 165
    文字の効果 …………………………………… 166

索引

できるサポートのご案内

できるシリーズの書籍の記載内容に関する質問を下記の方法で受け付けております。

電話 / **FAX** / **インターネット** / **封書によるお問い合わせ**

質問の際は以下の情報をお知らせください

① 書籍名、ページ
② 書籍の裏表紙にある書籍サポート番号
③ お名前 ④ 電話番号
⑤ 質問内容（なるべく詳細に）
⑥ ご使用のパソコンメーカー、機種名、使用OS
⑦ ご住所 ⑧ FAX番号 ⑨ メールアドレス

※電話での質問の際は①から⑤までをお聞きします。
　電話以外の質問の際にお伺いする情報については
　下記の各サポートの欄をご覧ください。

※上記の場所にサポート番号が記載されていない書籍はサポート対象外です。ご了承ください。

質問内容について

サポートはお手持ちの書籍の記載内容の範囲内となります。下記のような質問にはお答えしかねますのであらかじめご了承ください。

- ●書籍の記載内容の範囲を超える質問
  書籍に記載されている手順以外のご質問にはお答えできない場合があります。
- ●対象外となっている書籍に対する質問
- ●ハードウェアやソフトウェア自体の不具合に対する質問
  書籍に記載されている動作環境と異なる場合、適切なサポートができない場合があります。
- ●インターネットの接続設定、メールの設定に対する質問
  直接、入会されているプロバイダーまでお問い合わせください。

サービスの範囲と内容の変更について

- ●本サービスは、該当書籍の奥付に記載されている最新発行年月日から5年を経過した場合、もしくは該当書籍が解説する製品またはサービスの提供会社が、製品またはサービスのサポートを終了した場合は、ご質問にお答えしかねる場合があります。
- ●本サービスは、都合によりサービス内容・サポート受付時間などを変更させていただく場合があります。あらかじめご了承ください。

電話サポート 0570-000-078（東京）/ 0570-005-678（大阪）
（月～金 10:00～18:00、土・日・祝休み）

- ・サポートセンターでは質問内容の確認のため、最初に**書籍名、書籍サポート番号、ページ数、レッスン番号**をお伺いします。そのため、ご利用の際には**必ず対象書籍をお手元にご用意ください。**
- ・サポートセンターでは確認のため、お名前・電話番号をお伺いします。
- ・多くの方からの質問を受け付けられるよう、1回の質問受付時間をおよそ15分までとさせていただきます。
- ・質問内容によってはその場で答えられない場合があります。あらかじめご了承ください。
  ※本サービスは、東京・大阪での受け付けとなります。**東京・大阪までの通話料はお客様負担となります**ので、あらかじめご了承ください。
  ※海外からの国際電話、PHS・携帯電話、一部のIP電話などではご利用いただけません。

FAXサポート 0570-000-079（24時間受付、回答は2営業日以内）

- ・必ず上記、①から⑧までの情報をご記入ください。（※メールアドレスをお持ちの方は⑨まで）
  ○A4用紙推奨。記入漏れがあると、お答えしかねる場合がございますのでご注意ください。
- ・質問の内容が分かりにくい場合はこちらからお問い合わせする場合もございます。ご了承ください。
  ※インターネットからFAX用質問フォームをダウンロードできます。http://book.impress.co.jp/support/dekiru/
  ※海外からの国際電話、PHS・携帯電話、一部のIP電話などではご利用いただけません。

インターネットサポート http://book.impress.co.jp/support/dekiru/ （24時間受付、回答は2営業日以内）

- ・インターネットでの受付はホームページ上の専用フォームからお送りください。

封書によるお問い合わせ
（回答には郵便事情により数日かかる場合があります）

〒101-0051
東京都千代田区神田神保町一丁目105番地
株式会社インプレス できるサポート質問受付係

- ・必ず上記、①から⑦までの情報をご記入ください。（※FAX、メールアドレスをお持ちの方は⑧または⑨まで）
  ○記入漏れがあると、お答えしかねる場合がございますのでご注意ください。
- ・質問の内容が分かりにくい場合はこちらからお問い合わせする場合もございます。ご了承ください。
  ※アンケートはがきによる質問には応じておりません。ご了承ください。

本書を読み終えた方へ
できるシリーズのご案内

シリーズ7000万部突破※1　売上No.1ベストセラー※2

※1:当社調べ　※2:大手書店チェーン調べ

Office 関連書籍

できるExcel 2016
Windows 10/8.1/7対応

小舘由典&
できるシリーズ編集部
定価:本体1,140円+税

レッスンを読み進めていくだけで、思い通りの表が作れるようになる！関数や数式を使った表計算やグラフ作成、データベースとして使う方法もすぐに分かる。

できるPowerPoint 2016
Windows 10/8.1/7対応

井上香緒里&
できるシリーズ編集部
定価:本体1,140円+税

スライド作成の基本を完全マスター。発表時などに役立つテクニックのほか、「見せる資料作り」のノウハウも分かる。この本があればプレゼンの準備は万端！

できるWord&Excel 2016
Windows 10/8.1/7対応

田中亘・小舘由典&
できるシリーズ編集部
定価:本体1,980円+税

文書作成と表計算の基本を1冊でマスター！WordとExcelのデータ連携のほか、OneDriveを活用した文書の作成と共有方法を詳しく解説。

Windows 関連書籍

できるWindows 10

法林岳之・一ヶ谷兼乃・
清水理史&
できるシリーズ編集部
定価:本体1,000円+税

生まれ変わったWindows 10の新機能と便利な操作をくまなく紹介。詳しい用語集とQ&A、無料電話サポート付きで乗り換えも安心！

できるWindows 10 活用編

清水理史&
できるシリーズ編集部
定価:本体1,480円+税

タスクビューや仮想デスクトップなどの新機能はもちろん、Windows 7/8.1からのアップグレードとダウングレードを解説。セキュリティ対策もよく分かる！

できるWindows 10
パーフェクトブック 困った！&便利ワザ大全

広野忠敏&
できるシリーズ編集部
定価:本体1,480円+税

Windows 10を使いこなす基本操作や活用テクニック、トラブル解決の方法を大ボリュームで解説。手元に置きたい安心の1冊！

できるゼロからはじめる
パソコン超入門
ウィンドウズ 10対応

法林岳之&
できるシリーズ編集部
定価:本体1,000円+税

大きな画面と文字でウィンドウズ 10の操作を丁寧に解説。メールのやりとりや印刷、写真の取り込み方法をすぐにマスターできる！

読者アンケートにご協力ください！
http://book.impress.co.jp/books/1115101056

このたびは「できるシリーズ」をご購入いただき、ありがとうございます。
本書はWebサイトにおいて皆さまのご意見・ご感想を承っております。
気になったことやお気に召さなかった点、役に立った点など、
皆さまからのご意見・ご感想をお聞かせいただき、
今後の商品企画・制作に生かしていきたいと考えています。
お手数ですが以下の方法で読者アンケートにご回答ください。
ご協力いただいた方には抽選で毎月プレゼントをお送りします！

※プレゼントの内容については、「CLUB Impress」のWebサイト
（http://book.impress.co.jp/）をご確認ください。

ご意見・ご感想をお聞かせください！

❶ URLを入力して Enter キーを押す

❷ ［読者登録する］をクリック

◆会員登録がお済みの方
IDとパスワードを入力してアンケートページに進む

◆会員登録をされていない方
会員登録のうえ、アンケートページに進む

※Webサイトのデザインやレイアウトは変更になる場合があります。

アンケートに初めてお答えいただく際は、「CLUB Impress」（クラブインプレス）にご登録いただく必要があります。読者アンケートに回答いただいた方より、毎月抽選でVISAギフトカード（1万円分）や図書カード（1,000円分）などをプレゼントいたします。なお、当選者の発表は賞品の発送をもって代えさせていただきます。

 本書の内容に関するお問い合わせは、無料電話サポートサービス「できるサポート」をご利用ください。詳しくは316ページをご覧ください。

■著者
田中　亘（たなか　わたる）
「できるWord 6.0」（1994年発刊）を執筆して以来、できるシリーズのWord書籍を執筆してきた。ソフトウェア以外にも、PC関連の周辺機器やスマートフォンにも精通し、解説や評論を行っている。

STAFF

本文オリジナルデザイン	川戸明子
シリーズロゴデザイン	山岡デザイン事務所<yamaoka@mail.yama.co.jp>
カバーデザイン	株式会社ドリームデザイン
本文イラスト	松原ふみこ・福地祐子
DTP制作	町田有美・田中麻衣子
編集協力	高木大地
	井上　薫・進藤　寛
デザイン制作室	今津幸弘<imazu@impress.co.jp>
	鈴木　薫<suzu-kao@impress.co.jp>
制作担当デスク	柏倉真理子<kasiwa-m@impress.co.jp>
デスク	小野孝行<ono-t@impress.co.jp>
副編集長	大塚雷太<raita@impress.co.jp>
編集長	藤井貴志<fujii-t@impress.co.jp>
オリジナルコンセプト	山下憲治

> 本書は、Word 2016を使ったパソコンの操作方法について2015年10月時点での情報を掲載しています。紹介しているハードウェアやソフトウェア、各種サービスの使用方法は用途の一例であり、すべての製品やサービスが本書の手順と同様に動作することを保証するものではありません。
> 本書の内容に関するご質問は、316ページに記載しております「できるサポートのご案内」をよくお読みのうえ、お問い合わせください。なお、本書発行後に仕様が変更されたハードウェアやソフトウェア、各種サービスの内容等に関するご質問にはお答えできない場合があります。また、以下のご質問にはお答えできませんのでご了承ください。
> ・書籍に掲載している操作以外のご質問
> ・書籍で取り上げているハードウェア、ソフトウェア、各種サービス以外のご質問
> ・ハードウェアやソフトウェア、各種サービス自体の不具合に関するご質問
> 本書の利用によって生じる直接的、または間接的な被害について、著者ならびに弊社では一切の責任を負いかねます。あらかじめご了承ください。

●落丁・乱丁本はお手数ですがインプレスカスタマーセンターまでお送りください。送料弊社負担にて
　お取り替えさせていただきます。但し、古書店で購入されたものについてはお取り替えできません。

■読者の窓口
　インプレスカスタマーセンター
　〒101-0051　東京都千代田区神田神保町一丁目105番地
　TEL　03-6837-5016　／　FAX　03-6837-5023
　info@impress.co.jp

■書店/販売店のご注文窓口
　株式会社インプレス 受注センター
　TEL　048-449-8040　／　FAX　048-449-8041

できるWord 2016 Windows 10/8.1/7対応

2015年11月1日　初版発行

著　者　　田中　亘&できるシリーズ編集部

発行人　　土田米一

発行所　　株式会社インプレス
　　　　　〒101-0051　東京都千代田区神田神保町一丁目105番地
　　　　　TEL　03-6837-4635（出版営業統括部）
　　　　　ホームページ　http://book.impress.co.jp/

本書は著作権法上の保護を受けています。本書の一部あるいは全部について（ソフトウェア及びプログラムを含む）、株式会社インプレスから文書による許諾を得ずに、いかなる方法においても無断で複写、複製することは禁じられています。

Copyright © 2015 YUNTO Corporation and Impress Corporation. All rights reserved.

印刷所　　株式会社廣済堂
ISBN978-4-8443-3920-5 C3055
Printed in Japan